# 持続可能な発展の政治学

*The Politics of Sustainable Development*

金 基成

三恵社

# 目次

前書き・・・・・・・・・・・・・・・・・・・・・・・6
第1章　持続可能な発展・・・・・・・・・・・・・・・8
　　　　1. 一般的な定義
　　　　2. 戦略的課題
　　　　3. 意味の増殖
　　　　4. 緩やかなコンセンサス
第2章　意味形成の社会的文脈・・・・・・・・・・・・18
　　　　1. 産業革命と経済成長
　　　　2. 貧困と格差という問題
　　　　3. 公害，そして地球扶養力の限界
第3章　制度化の道程・・・・・・・・・・・・・・・・28
　　　　1. 1960年代
　　　　2. 1970年代
　　　　3. 1980年代
　　　　4. 1990年代
　　　　5. 2001年以後
第4章　政治地平の変容・・・・・・・・・・・・・・・40
　　　　1. 脱物質主義価値観
　　　　2. 新しい社会運動
　　　　3. 緑の党
　　　　4. 政治の新たな地平
第5章　政策の転換・・・・・・・・・・・・・・・・・50
　　　　1. 人口
　　　　2. 食糧
　　　　3. 生物種及び生態系
　　　　4. エネルギー
　　　　5. 工業
　　　　6. 都市
第6章　コモンズの管理・・・・・・・・・・・・・・・60
　　　　1. 共有地の悲劇

　　　　2. 人類の共有財産
　　　　3. 平和と安全
　　　　4. 管理体制の刷新
第 7 章　政策統合という課題・・・・・・・・・・・・・・・・・・68
　　　　1. 持続可能性政策統合の全体像
　　　　2. 経済的目標と環境的目標の統合
　　　　3. 環境的目標と社会的公平性の統合
　　　　4. 経済的目標と社会的公平性の統合
第 8 章　ドイツの持続可能な発展戦略・・・・・・・・・・・・・・78
　　　　1. 戦略策定までの歩み
　　　　2. 政策統合的な指標体系
　　　　3. 中長期の重点課題
　　　　4. ドイツ NSDS からの示唆
第 9 章　気候変動の政治・・・・・・・・・・・・・・・・・・・・90
　　　　1. 科学的知見
　　　　2. 京都議定書
　　　　3. 対立と分裂
　　　　4. パリ協定
第 10 章　政治過程上の課題・・・・・・・・・・・・・・・・・・100
　　　　1. 政策転換の阻害要因
　　　　2. 政策転換の促進要因
　　　　3. エコロジー的市民性
第 11 章　環境的持続可能性と民主主義・・・・・・・・・・・・・108
　　　　1. 民主主義政治体制
　　　　2. 懐疑論と擁護論
　　　　3. 民主主義論のコミュニケーション的転回
　　　　4. 民主主義論のエコロジー的転回
第 12 章　両義的可能性・・・・・・・・・・・・・・・・・・・・120
　　　　1. 持続可能な発展という言説
　　　　2. 多義性の地平

3. 二つの契機
　　4. 建設的な緊張関係
後書き・・・・・・・・・・・・・・・・・・・・・・・・132
脚注・参考文献・・・・・・・・・・・・・・・・・・・134

# 前書き

　持続可能な発展（sustainable development）という考え方が本格的に広がり始めた背景には，1987年に公刊された国連の環境と開発に関する世界委員会の報告書（ブルントラント報告書）があった．ブルントラント報告書によると，持続可能な発展とは，未来世代にとっての基本的ニーズの充足を損なわないようにしながら，現世代の基本的ニーズを充足させる発展である．その本質は，貧困撲滅，環境的持続可能性の維持，社会正義の実現であるといえる．ブルントラント報告書はこのような新しい発展の必要性を訴えるとともに，そのために必要な政策転換の方向性を提示した．

　それ以来，持続可能な発展は環境及び開発政策における最も影響力のある言説となった．環境団体や国際機関は言うまでもなく，政府や産業界までがこぞってこの言葉を使うようになった．1992年にはリオデジャネイロで持続可能な発展のための地球サミットが開かれ，グローバルな行動計画たるアジェンダ21が採択された．このリオ会議がきっかけとなり，それ以降10年ごとに持続可能な発展に関するサミットが開催されている．その間，持続可能な発展に関する戦略や関連計画を策定する国・自治体も増えてきた．そして2015年には，国連レベルでは初めてとなる持続可能な発展目標が採択された．2030年を目標年とし，世界各国は貧困の撲滅，環境的持続可能性，福利厚生（特に社会的弱者の福利厚生）の向上に取り組むことになった．

　その一方で，持続可能な発展の道は決して平らでないことも明らかになった．ブルントラント報告書が公刊されてから30年以上経っているが，貧困，格差，環境破壊は依然として大きな問題となっている．経済の中に環境政策の目標や社会正義の観点を統合することも，部門間の利害関係のゆえに難航している．政治家であれ有権者であれ，最大の関心事はやはり開発であり，その開発がもたらす経済的効果である．それゆえ，たとえば気候変動のような地球環境問題に対応するための対策は，二の次三の次と後回しにされる状況が続いている．このような現実からすれば，ブルント

ラント報告書の提言内容は古びていないばかりか,斬新でさえある.

　持続可能な発展をめぐる状況は決して楽観的ではない.持続可能な発展はその概念の抜け殻だけが残り,環境的持続可能性や社会正義といった中身は消え失せつつあるようにも思える.その一方で,捉え方次第では,持続可能な発展という考え方に内在している急進的な契機を見出すことも不可能なわけではない.相異なる解釈の中には,地球扶養力の限界及び資源アクセスにおける公平性に焦点を当てた解釈もあるからである.問われているのは,現状維持の道と現状打破の道の中でどれを選ぶのかという,我々の政治的意志である.

　本書の目的は,持続可能な発展の意味,政策,戦略,政治過程上の諸課題に関する論議の全体像を示すことである.第1章から第4章までは,持続可能な発展という概念の定義,意味形成の社会的文脈,制度化の過程,政治地平の変容について考察する.第5章から第8章までは,持続可能な発展のために必要な政策と戦略について政策統合というキーワードを中心に理論及び事例検討を行う.第9章から第12章までは,持続可能な発展に関する政治の現状,政治過程上の諸課題,民主主義との関係,意味解釈における急進化の可能性について考察する.持続可能な発展という考え方に関する理解を深める上で,本書が一助となれば幸いである.

# 第 1 章　持続可能な発展

## 1. 一般的な定義

　1983 年秋の国連総会決議によって設立された「環境と開発に関する世界委員会」(The World Commission on Environment and Development) は，環境的価値と経済的価値が互いに矛盾しない新しい発展のあり方を模索し始めた．同委員会は，委員長の G. H. ブルントラント (Brundtland) の名前に因んで，ブルントラント委員会と呼ばれた．1987 年秋，ブルントラント委員会は国連総会に「我々の共通の未来」(Our Common Future) と題された報告書を提出した[1]．この報告書は，ブルントラント報告書として知られるようになる．この報告書には持続可能な発展 (sustainable development) という，人間にも環境にも優しい新しい発展のあり方が示されていた．持続可能な発展という言葉はブルントラント報告書が初めて使ったわけではないが，同報告書がきっかけとなり，世界中に知られるようになった．それ以来，持続可能な発展は経済発展と環境保護と社会正義という目標を統合的な達成するための発展という意味の概念として，政策や研究の現場で広く使われるようになった．[2]

　ブルントラント報告書によれば，持続可能な発展は「未来世代の基本的ニーズを充たす上での潜在能力を損なうことなく，現在世代の基本的ニーズを充たす発展」である[3]．この定義は持続可能な発展に関する最も一般的な定義として広く使われている．この定義は，基本的ニーズ (basic needs)，限界 (limits)，公平性 (equity) といった三つのキーワードに基礎を置いている．

　まず，持続可能な発展は人間の基本的ニーズを充たすための発展である．この時の基本的ニーズとは，衣・食・住，そして生計を立てることのできる適切な仕事といった，人間が人間として生きていく上で欠かせない最低限のニーズを意味する．この点からして，基本的ニーズの充足は貧困の撲滅とほぼ同じことを意味する言葉であるといえる．このような考え方は，

2000 年 9 月に採択された国連のミレニアム発展目標（Millennium Development Goals，又は MDGs）によく表れている．MDGs では 21 世紀の達成目標として，貧困と飢餓の撲滅，初等教育の普及，ジェンダー平等，乳幼児死亡率の低下，妊産婦の健康改善，致命的な疾病の予防，環境的持続可能性が挙げられている[4]．これらの目標はブルントラント報告書における基本的ニーズの充足という考え方を具体的な指標の形で集約したものであった．実際に，MDGs の内容は 2015 年に採択された国連の持続可能な発展目標（Sustainable Development Goals，又は SDGs）[5]に継承された．[6]

次に，持続可能な発展は地球生態系の持続可能性，すなわち地球許容範囲の限界を侵さない発展である．人間の基本的ニーズを充足するためには経済発展が欠かせない．しかし，経済システムはそれより大きい生態系に依存している．それゆえ，資源供給や汚染浄化の能力における地球生態系の許容範囲を超えてまで経済が成長することは，物理的にも生物学的にも不可能である．にもかかわらず，従来の政策パラダイムの中にはこのような限界という考え方が欠落していた．その結果，資源の枯渇や環境の汚染及び破壊が引き起こされ，経済の基盤そのものが脅かされる事態にまで至ったのである．持続可能な発展という考え方は，このような失敗に対する反省から生まれた．持続可能な発展は持続可能な経済成長の同義語ではない．持続可能な発展は地球生態系の扶養力の大きさに見合うような規模での発展を意味する．そのためには限られた資源を合理的に管理しつつ，技術革新や資源生産性の向上を通じて基本的ニーズを充足していく必要がある．[7]

さらに，このような持続可能な発展は公平な発展でなければならない．ブルントラント報告書において，持続可能な発展における公平性は二つの次元で語られている．一つは，現世代と未来世代の間における公平性である．現世代の基本的ニーズを充たすためには資源を使わなければならない．しかし，限られた資源が現世代によって消費されるということは，未来世代の基本的ニーズを充たす潜在能力が減少することを意味する．これは不公平なことである．不公平な結果にならないようにするためには，現世代

は限りのある資源を合理的に管理し，環境への負荷を減らしながら，自分たちの基本的ニーズも充足させていかなければならない．もう一つは，現世代の中における公平性という次元である．豊かな人や国は貧しい人や国より多くの資源とエネルギーを消費するが，それによって引き起こされる環境問題は貧しい人や国に集中する傾向がある．貧しい人々はその貧しさのゆえに経済的にも政治的にも弱い立場に置かれるからである．持続可能な発展とは，このような不公平が起こらないように，資源の使用，リスクの分配，経済及び政治生活における正義を重視する発展である．[8]

## 2. 戦略的課題

それでは，持続可能な発展のためには具体的に何をどうすれば良いのか．ブルントラント報告書によると，持続可能な発展を実現するためには，次のような課題に戦略的に取り組む必要がある．

第1に，経済成長は基本的ニーズの充足に欠かせない要素である．特に貧困地域及び発展途上国においては，一人当たりの所得を増やさなければ，絶対的貧困は克服できない．世界で最も貧しい地域に分類されるサハラ以南のアフリカの場合，貧困から抜け出すためには年間 5～6%の成長率を維持する必要がある．発展途上国の経済状況は先進国の経済状況に影響されるので，発展途上国での経済成長を維持するためには，先進工業国でも年 3～4%の経済成長は必要である．ただし，先進国における経済成長は持続可能な発展の原則に基づいたものでなければならない．[9]

第2に，経済成長において重要なのは，生態学的持続可能性と矛盾しないように，経済の質を変えることである．開発に当たっては，自然資本のストック，生態系の劣化による収入の減少，森林及び水産資源の再生にかかる費用，アメニティ及び健康への影響などを考慮すべきである．もし，開発によって生態系が破壊される恐れがある場合，その計画は中止されるべきである．中止することこそ，進歩の証なのである．さらに，経済成長は貧困及び所得格差を減らすことに貢献しなければならない．貧困や所得格差を度外視した経済成長は倫理的に問題があるだけでなく，社会の結束

第3に，持続可能な発展の目標は人間の基本的ニーズを充たすことである．とりわけ，貧困を撲滅することは持続可能な発展の重要な課題である．貧困をなくすうえで最も基本となるのは雇用の確保である．持続可能な発展は，生計が立てられるやり甲斐のある仕事の創出に貢献するものでなければならない．飢餓や栄養不足の解消も基本的ニーズの充足には欠かせない．そのためには食糧の生産及び流通の構造を改革しなければならない．エネルギーの選択及び使い方，住居，きれいな水，衛生設備，健康管理に係わるサービスの充実なども，基本的ニーズの充足には欠かせない項目である．[11]

第4に，発展の持続可能性は人口増加と密接な関係がある．生態系の許容能力に見合う規模で人口が維持できれば，持続可能な発展はより容易に進むであろう．世界人口の増加に大きな割合を占めているのは発展途上国である．貧困克服のためにも，発展途上国は人口増加に歯止めを掛ける必要がある．先進工業国の人口は，所得の増加，都市化，女性の地位向上によって減少しつつある．これらの要素を発展途上国の人口政策にも取り入れるべきである．都市への人口集中は，社会インフラの不足，スラムの拡大，公害といった都市問題の原因になる．この問題を解決するためには，規模の小さい中核都市を多く育成する必要がある．[12]

第5に，持続可能な発展のためには，地球の資源基盤を保全し，合理的に管理しなければならない．先進国は過度な消費を減らし，発展途上国は増えていく消費を基本的ニーズの充足という基準に合わせて適正化しなければならない．農業，漁業，林業資源を合理的に管理及び保全することは，持続可能な発展において緊急な課題である．農業，漁業，林業に従事する人々の所得を安定化させることは，それぞれの産業における資源基盤を保全するためにも欠かせない対策である．食糧の増産は必要であるが，増産に係わる対策は生態系に悪影響を与えない方法で講じられなければならない．資源基盤が破壊されてからの対策は費用も高くつく．それよりは未然防止の方が，経済的にも合理的である．エネルギーを含めて他の資源についても同じことがいえる．[13]

第6に，以上のような課題に取り組む際に，技術は重要な手段となる．しかし，技術の活用は持続可能な発展の趣旨に沿って調整されなければならない．たとえば，先進工業国の先端技術は発展途上国の現実とかけ離れているものが多く，発展途上国にそのまま導入することが難しい．発展途上国の持続可能な発展のためには，発展途上国の現実を踏まえた技術を開発し，適用しなければならない．いずれにしても，技術の使用にはリスクが伴う．リスクの予防及び管理も，持続可能な発展においては重要な課題である．何より，技術革新は環境への影響を十分考慮した上で行われるべきである．技術革新の目的においても，企業による利潤追求だけではなく，公害の防止や製品寿命の伸長などに重きを置かなければならない．政府は規制や奨励策といった政策手段を活用し，営利企業の方向転換を誘導しなければならない．部門横断的なリスク管理体制の整備や広範な参加に基づいた社会的熟議の制度化も，新しい技術の導入に伴うリスクを軽減する上では欠かせない対策である．[14]

　第7に，持続可能な発展のためには，環境政策の目標を経済関連政策の目標の中に統合する必要がある．そのためにはまず，経済的価値と環境的価値は必ずしも対立又は矛盾するものではない，ということを理解しなければならない．たとえば，汚染防止は経済的にも割に合う．予防にかかる費用は，事が起こってからの対策費用と比べれば，はるかに安くかかる．それだけではない．環境保護のための技術革新は，その企業又は国に経済的利益をもたらす．このような考え方は政府及び企業の政策決定過程に適用されなければならない．情報公開，広範な参加及び討論，住民投票の制度化など，地域民主主義や自己決定権の強化に繋がる制度改革は，経済的政策決定の中に環境的価値及び責任の要素を組み入れるうえで有効である．[15]

　以上で見たように，ブルントラント報告書が提示した持続可能な発展は，ひたすら経済成長を持続させるという意味での発展ではない．持続可能な発展は，人と環境，この両方に優しい社会を実現することを意味している．この点からして，持続可能な発展という言葉には，今までとは違うもう一つのオルタナティブな発展という意味が含まれているといえる．

## 3. 意味の増殖

　その一方で，持続可能な発展は意味解釈において競合的な概念でもある．持続可能な発展に関しては1997年の時点ですでに57もの定義が存在し[16]，この概念の「真の意味」をめぐっては未だに議論が続いている．意味解釈をめぐる議論が絶えない根本的な理由は，価値観や立場の多様性にあると考えられる．たとえば，地球生態系の許容能力に関していえば，その存在自体を否定する人もいれば，科学技術によって乗り越えられるという人もいる．また，許容能力の限界に合わせて生産及び消費の規模を縮小すべきだと主張する人もいる．環境と経済の関係についても同じことがいえる．環境的価値を優先することは経済成長の妨げになると信じている人もいれば，経済の縮小を甘受してでも環境的価値を優先すべきだと主張する人もいる．また，環境にやさしい経済を実現することは不可能ではないと考えている人もいる．その他，先進国と発展途上国との関係や地球環境に関する科学的知見をめぐっても様々な意見・解釈が競合している．こういう訳で，価値観又は立場の違いによって，持続可能な発展という概念の意味解釈も微妙に違ってくるのである．[17]

　S. コネリー（Connelly）によると，このような意味増殖は避け難い．なぜなら，一般的に使われている持続可能な発展という概念は経済成長，環境保護，社会正義という目標を統合的に捉えようとする概念であるからである．図表1が示しているように，持続可能な発展という概念の構造は，経済成長（点A），環境保護（点B），社会正義（点C）といった三つの頂点からなる三角形に喩えることができる．△ABCの面は持続可能な発展という概念の意味領域といえる．この意味領域の中には，点A，点B，点Cから一定の距離を保つ無数の点が存在する．この無数の点一つ一つは，持続可能な発展の意味に関する少しずつ異なる立場の位相を示すものといえる．△ABCの中のどの地点に立っているかによって，持続可能な発展という概念の意味は違ってくるのである．[18]

図表 1　持続可能な発展の意味領域[19]

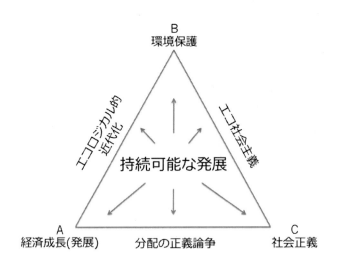

　たとえば，ある人の立場が点A（経済成長）に近ければ近いほど，その人は経済成長に重きをおいて持続可能な発展の意味を理解していることになる．その人は，環境問題又は貧困問題を解決するためにはまず経済が成長しなければならない，と考えているはずである．一方，点B（環境保護）に近い地点に立っている人は，地球生態系の許容能力には限界があり，その限界を超えてまで経済が成長することはあり得ないと考えているはずである．その人にとって持続可能な発展とは，物質及びエネルギーの処理量が増えない状態で達成される，生活の質の向上を意味する．また，点C（社会正義）に近いところに立っている人に言わせれば，富の再分配，資源へのアクセス，環境費用の配分などにおける不公平こそ，持続可能な発展を妨げる最大の障害である．

　実際に，経済成長と持続可能な発展の関係をどのように捉えるかによって，持続可能な発展の意味とその政策の内容は違ってくる．たとえばブルントラント報告書は，極度の貧困を撲滅するためには世界全体で年3%以上の経済成長が必要であると見ている[20]．その一方で，生態学的経済学（ecological economics）を提唱している H. E. デイリー（Daly）のよ

うな経済学者は，地球扶養力の限界を無視した経済成長は資源の枯渇と環境の破壊をもたらすので，それ自体不経済なものになりかねないと主張している．彼に言わせれば，成長なき発展，すなわち物質及びエネルギーの消費が量的に増大しなくても質的改良が絶えず行われる状態こそ持続可能な発展なのである.[21]

　持続可能な社会のあるべき姿に関する考え方も一枚岩ではない．大きく分けて二つの考え方が競合している．一つは，専門家によって中央集権的に管理され，物質的にも豊かで科学技術の水準も高い脱産業主義社会というイメージである．もう一つは，産業主義体制が内部から崩壊した後に，その残骸の上に姿を現す，分権的で農業に基礎を置いたエコトピア的な社会のイメージである．この二つの社会像は両方とも環境的持続可能性を重視している．しかし，前者は技術中心主義の流れを，後者は生態系中心主義の流れを汲んでいる.[22]

　経済成長における物理的・生物学的な限界を認めるか否かも，持続可能な発展の意味解釈においては敏感な論点の一つである．たとえば，A．ドブソン（Dobson）のような環境政治学者は環境主義（environmentalism）とエコロジズム（ecologism）を厳格に区分している．前者の環境主義は技術的な解決策に重きを置きつつ，成長の限界については曖昧な態度を取る．環境主義において環境保護や資源保全が重視されているのは，それが人間の福祉に必要なものだからである．その一方で，後者のエコロジズムは，生態系許容能力の限界に合わせて経済の規模を縮小させることを主張する．エコロジズムにおいて，人間は生態系の中心的存在でもなければ，支配者でもない．人間は人間以外の存在と同様，生態系の一員であるだけである．さらに，持続可能な社会への移行において，環境主義者は改良主義的な手法を好み，エコロジストは急進的な変革を求める．このような立場上の違いも，持続可能な発展の意味増殖の原因である.[23]

　持続可能な発展という和訳表現をめぐっても様々な意見がある．たとえば，developmentを「開発」と翻訳する場合もあれば，「発展」と翻訳する場合もある．今は発展という表現が広く使われている．持続可能な開発という表現は，開発そのものを持続させるかのような誤解を与えかねない

からである．また，sustainable の訳語として「持続可能な」という表現より「維持可能な」という表現を好む学者も少なくない．維持可能な発展と訳した方が，限りのある地球許容能力の限度内での発展という意味をより正確に伝えることができると考えるからである．また，訳語に起因する誤解を避けるため，あえてサステイナブル・デベロップメントと書く研究者もいる．[24]

いずれの例も，持続可能な発展は競合的な概念であることを表している．ついでにいえば，筆者は，日本語の表現としては維持可能な発展という訳語がこの概念の本来の意味を伝える上で最も適切な表現であると考えている．しかし，本書においては，すでに一般的に広く使われている持続可能な発展という表現を使うことにしたい．

## 4. 緩やかなコンセンサス

以上で見たとおり，持続可能な発展は意味解釈において競合的な概念である．その一方で，持続可能な発展の意味解釈においては，緩やかではあるが，次のような合意が形成されているのも事実である．

J. S. ドライゼク（Dryzek）が指摘しているとおり，ブルントラント報告書に代表される持続可能な発展という考え方は，環境的価値と経済的価値の両立を大前提にしている．持続可能な発展は，環境破壊のない経済発展を目指す概念であり，経済的目標の中に環境的目標を組み入れようとする考え方である．持続可能な開発であれ，持続可能な発展であれ，このような文脈の中でその概念が使われているのであれば，これらの概念はブルントラント報告書と同じ問題意識を共有しているといえる．[25]

W. ラファーティ（Lafferty）によれば，研究対象としての持続可能な発展は一般的に次のような要素からなっている．まず，持続可能な発展はより平等な生活水準を実現するための発展である．また，持続可能な発展は生物多様性と生態系の回復力を維持しながら行われる発展を意味する．さらに，持続可能な発展は将来の世代の基本的ニーズを損なわない発展でなければならない．[26]

N．カーター（Carter）は持続可能な発展の基本原理を次のようにまとめている．第1に，持続可能な発展は未来世代及び発展途上国にとって公平なものでなければならない．第2に，持続可能な発展に関する政策決定過程において，社会的弱者の参加の機会が保障されなければならない．第3に，持続可能な発展においては，対症療法的対策より予防対策が重要である．第4に，持続可能な発展の政策は部門横断的かつ統合的に進められなければならない．第5に，持続可能な発展に関する計画及び実践においては，政府だけでなく，民間企業，市民社会団体など，様々なアクターの参加が求められる．[27]

# 第 2 章　意味形成の社会的文脈

## 1. 産業革命と経済成長

　すべては産業革命から始まった．産業革命が始まる 18 世紀半ばまで，地球上のほとんどの人々は貧困と飢餓の状態で暮らしていた．D．コーエン（Cohen）が指摘しているように，17 世紀南フランス地方の農民や 19 世紀初頭までのヨーロッパ労働者の生活水準は，古代ローマ時代の奴隷の生活水準と大差はなかった．彼らの所得を今日の貨幣価値で換算すると 1 日約 1 ドル，平均寿命も狩猟採集民と同じくらいの 35 歳であった．技術の進歩は見られたが，経済規模の拡大に結びつくほどのものではなかった．今日の基準からすれば，産業革命以前の人々はほとんど絶対的貧困の状態で暮らしていたといえる．[28]

　1785 年頃からイギリスで始まった産業革命によって，このような状況は一変された．蒸気機関の発明によって，工場制生産がヨーロッパ全域に広がった．工場と機械が農場と家畜に取って代わり，資本の増加で生産活動の規模はますます大きくなった．蒸気機関の発明で火がついた技術革新は，紡績，石炭，鉄鋼，鉄道，貿易など，関連産業を急速に発展させた．このような変化は工業化と都市化を促した．仕事を求めて人々は農村から都市に移住し，都市の人口は増え続けた．世界人口も増え続け，爆発的な人口増加が食糧危機や環境悪化をもたらすというマルサス主義（Malthusianism）の考え方も表れた．しかし，世間を支配していたのは，工業化をさらに進めれば，人口が増えても誰もが豊かになることができる，という考え方であった．[29]

　S．クズネッツ（Kuznets）が指摘したとおり，産業革命は近代的経済成長という革命的な変化をもたらした[30]．N．コンドラチェフ（Kondratiev）によると，このような経済成長は周期的に起こる一連の技術革新によるものである．産業革命の引き金となった蒸気機関の発明は繊維産業とその関連産業を発達させ，1780 年代から 1830 年代までの経

済成長を促した．その後も約50年を周期として新しい技術革新が次々と起こり，経済成長を牽引した．1830年代から1880年代までは鉄道や鉄鋼産業が，そしてその次の1880年代から1930年代までは電気と化学産業がその役割を担った．1930年代から1970年代までの経済成長は自動車と石油化学分野における技術革新が経済を引っ張った．そして1970年代からは情報通信分野での技術革新が経済成長の動力となった．[31]

産業革命以来の経済成長は前例のないものであった．19世紀末までの一人当たり世界総生産額は，1990年のドル価格で約500ドルであった．それが，20世紀の終わり頃になると約5,000ドルに10倍も膨れ上がった．このような変化は産業革命の影響であった．18世紀半ばにイギリスで始まった産業革命は，水面に広がる同心円状の波紋のように，ヨーロッパ，北米，南米，アジアへと広がった．産業革命の波が広がるにつれて，世界経済の規模も急速に拡大し続けたのである．[32]

興味深いことに，産業革命の波が押し寄せた時期とその地域が絶対的貧困から抜け出し始めた時期はほぼ一致している．J. D. サックス（Sachs）によると，絶対的貧困は購買力平価換算の一人当たりGDP（国内総生産）が2,000ドルを下回る状態を指す．最初に絶対的貧困線を越えたのは，19世紀のイギリスとその周辺の国々であった．19世紀後半までには北米と南米大陸の温帯地域の国々が，そして20世紀初め頃までには日本が，この線を突破した．さらに，20世紀半ばまでには南米やアジア地域の発展途上国が経済成長を成し遂げ，絶対的貧困線を乗り越えた．このことは，産業革命以来の経済成長と基本的ニーズの充足との間に何らかの相関関係が存在していることを示唆している．[33]

ただし，基本的ニーズの充足がもっぱらGDP上の成長によるものなのかどうかをめぐっては，未だに論争が続いている．一つ言えることは，経済成長の初期段階においては，一人当たりGDPの成長が基本的ニーズの充足に直接影響しうるということである．その一方で，物質的に豊かになった先進工業国の場合，GDPよりは所得格差の大小がその社会における福祉厚生に影響すると言われている．いずれにせよ，産業革命以来の経済成長によって物質的豊かさがもたらされ，それによって基本的ニーズの

充足に進展があったことは否定できない.[34]

## 2. 貧困と格差という問題

　ところが，このような未曾有の経済成長にもかかわらず，貧困問題は依然として深刻である．世界銀行によると，2010年現在，世界には1日1.25ドル以下で生活する絶対的貧困層が12億人もいる．絶対的貧困は，特にサハラ以南アフリカと南アジア地域で深刻である．特に，大陸の真ん中に位置している国々は，昔も今も交易環境の面で不利である．これらの地域は気候条件においても不利で，干ばつや台風などによる自然災害が多く，マラリアなどの致命的な病気の脅威にさらされている．また，この地域の多くはヨーロッパの植民地だったこともあり，独立後も旧宗主国に経済的に依存している[35]．この地域では，植民地支配の名残とも言える地域間又は人種間の反目によって政治混乱が続いている．このような要因が複雑に絡み合い，この地域での経済発展は未だに進んでいない状況である．[36]

　絶対的貧困に悩まされている地域には，貧困の悪循環といえる一定のパターンが見られる．貧困地域は出生率が高く，人口が爆発的に増加する傾向がある．しかし，貧困のゆえに，子供たちは教育や医療など，潜在能力の開発に欠かせない基本的サービスを十分に受けられない状況で育つ．その子供たちは大人になってもまともな仕事に就けず，貧困から抜け出すことができない．貧困地域は貧困であるがゆえに仕事にも能力開発の機会にも恵まれていないのである．その結果，貧困が貧困を生み，貧困から抜け出すことはますます難しくなる．政府の主な収入源はわずかな天然資源の開発であるが，収益のほとんどは国の借金返済や軍事費に費やされる．天然資源の乱開発が進み，わずかしか残っていない資源をめぐる争いも激化する．その結果，貧困地域の経済的，環境的，社会的持続可能性の基盤はさらに悪化する．このような悪循環から抜け出すことは至難の業である．最貧地域に対する国際社会からの援助が必要となるのは，このためである．国際援助は絶対的貧困から抜け出すための呼び水のような役割をする[37]．

　問題は絶対的貧困だけではない．相対的貧困も大きな問題である．経済

協力開発機構（OECD）はそれぞれの国における等価可処分所得の中央値の半分を貧困線と定め，貧困線を下回る人々の割合を相対的貧困率と定義している．当然ながら，相対的貧困は先進国にも存在する．たとえば，2009年度の日本の貧困線は 112 万円である．これは，月収約 9 万円，1 日約 3,000 円の手取り所得を意味するので，日本の社会的文脈からすれば，かなり厳しい状況での生活を意味する．厚生労働省の調査によると，日本の相対的貧困率は 16％である．先進国の日本でも 6 人に 1 人は貧困線を下回る生活をしているのである．OECD 加盟国の平均が約 10％であることを考えると，日本の貧困率は先進国の中でも高い方である．米国の貧困率は日本より高い．先進国の中では北欧諸国の貧困率が 6〜8％と最も低い．充実した福祉政策が功を奏しているからである．[38]

貧困問題と連動しているもう一つの問題は所得格差という問題である．所得格差が広がる社会は良い社会とはいえない．所得格差は社会的流動性を損ない，貧困の悪循環を永続化させてしまう．貧困家庭の子供は教育の機会に恵まれないまま貧困な親になる可能性が高い．対照的に，裕福な家庭の子供は上質な教育の機会に恵まれ，裕福な親になる可能性が高い．社会正義の観点から富の再分配を行わない限り，両者間の格差はさらに大きくなる可能性がある．所得格差は社会統合を阻害するばかりか，中間層の基盤を蝕み，経済の発展を妨げる．[39]

経済先進国でも，こういう現象は起こっている．ジニ係数（Gini coefficient）を用いた所得格差の比較によると，先進国の中では米国の所得格差が最も大きい．米国では所得の高い上位 1％の人々が全体所得の約 24％を持っている[40]．日本も例外ではない．労働市場の規制緩和によって非正規雇用が増え，それが所得格差を悪化させる一因となっている．ワーキング・プア（working poor）という言葉が示しているように，働いているのに貧困から抜け出せない人の数も増えている[41]．厚生労働省によると，所得格差を表すジニ係数は 1983 年以降悪化し続け，2013 年度には 2010 年度より 0.0168 ポイント高い 0.5704 となった[42]．国立社会保障・人口問題研究所が 2007 年に実施した調査によると，経済的な理由で電気又はガス料金を滞納した経験のある世帯は全体の約 5％を占めている．また，5

〜6世帯に1世帯は必要な食糧や衣服が買えない状況で暮らしており，20世帯に1世帯は保険料が払えず，健康保険証を取り上げられた経験があるという．[43]

　もはや格差問題は重大な政治問題となっている．2011年9月，米国では「ウォール街を占拠せよ！」という，所得格差に抗議する草の根運動が広がった．「我々は99％である！」というスローガンを掲げた抗議行動は，シドニー，ベルリン，ロンドン，パリ，東京，ソウルなど，世界の主要都市に広がった[44]．2016年には，米国大統領選挙の民主党予備選挙で，民主社会主義者（democratic socialist）と名乗るB.サンダース（Sanders）候補が空前の支持を集めた．格差是正に関する彼の公約に若者を含む多くの有権者が共感したからであった．世界で最も豊かな国米国で起こったこの二つの政治現象は，格差問題の深刻さを象徴的に物語っている．

　R. ウィルキンソン（Wilkinson）によれば，所得格差は社会のあらゆる問題を悪化させる原因である．GDP上では豊かな国であっても，所得格差が大きければ，国民の生活の質は低下する傾向がある．所得格差の大きい国は所得格差の小さい国より，精神疾患，平均寿命，乳幼児死亡率，肥満，子供学力，若年妊娠，殺人，収監率といった社会問題が悪化する傾向がある．そのメカニズムはこうである．つまり，格差社会では人々は生き残りを掛けた激しい競争にさらされている．激しい競争は人々の社会的地位に関する不安感を高めると同時に，社会に対する信頼感を低下させる．その結果，人々は日常的に強いストレスを受けることになる．この類のストレスは健康を害するばかりか，逸脱行動，暴力，犯罪の誘因となる．格差の大きい社会であるほど，このような傾向は強くなるという．[45]

　貧困と格差は単なる所得上の不平等の問題ではない．貧困と格差は潜在能力を発展させる機会の喪失を意味する．それゆえ，貧困と格差は社会全体にとって不都合な様々な問題の原因でもあるのである．貧困と格差問題に真剣に取り組まなければ，生き甲斐のある人間らしい生活は期待できない．

## 3. 公害，そして地球扶養力の限界

さらに，産業革命以来の経済成長は公害及び地球扶養力の限界という新しい問題をもたらした．産業革命以来，工業化による経済成長は文明の進歩と同一視され，大量生産，大量消費，大量廃棄の生活様式が世界中に広がった．利潤を極大化するために，企業は環境費用を経営上の費用として計上せず，有害物質をそのまま大気や川に排出してきた．雇用と税収の増大を望む政府は，企業の経済活動に妨げになるような規制は行わなかった．その結果もたらされたのが，公害という社会的災害であった．環境汚染が起こり，被害者の地域住民は健康障害や生活困難に直面することになったのである．[46]

西欧に比べて極めて短期間で工業化に成功した日本の場合，公害は特に深刻であった．高い人口密度も被害を大きくした要因であった．公害問題研究の先駆者宮本憲一は戦後日本における公害の様相を次のように描写している．

> 東京や大阪などの大都市と工業都市は，冬季には昼間から車はヘッドライトをつけなければならないようなスモッグに覆われ，川は悪臭を発して魚の棲めないドブ川となった．公害の原点といわれる水俣病は二度にわたって発生し，被害者は数万人を超えた．イタイイタイ病は，そのことばが象徴するように，残酷な病だが，カドミウム中毒による犠牲者は数百人（認定患者 196 人，要観察者 404 人）を数え，カドミウムに汚染され浄化の必要な農地は 7,575ha に上った．四日市ぜんそくといわれた大気汚染公害は，大都市圏や工業地域を中心に広がり，公害健康被害補償法による大気汚染の認定患者は，最高時約 10 万人を数えた．70 年代初めにはマスメディアによる公害の報道のない日はないほど，公害は日常化し，全国で発生した．既に 60 年代後半には公害は重大な政治問題となっていた．[47]

宮本憲一によると，このような公害は政官財複合体が引き起こしたシステム公害である．汚染者である企業や政府を擁護していた研究者も入れれば，政官財学複合体による社会的災害であるという．このような公害は，日本を含む先進国では 1970 年代を境に減少に転じた．しかし，アスベス

ト公害や原子力公害のように，公害は新しい形で繰り返し発生している．古いタイプの公害であれ新しいタイプの公害であれ，システムの欠陥によって引き起こされる社会的災害という点では共通している．発展途上国に見られる昨今の公害も，同様のシステム公害であるといえる．公害や環境問題は体制を選ばない．公害の原因となる閉鎖的な利益共同体を解体しない限り，どのような経済体制においても公害は起こりうる．公害は産業活動による自然環境の破壊や環境問題の最終局面に表れ，その地域を荒廃させ，生命を脅かす．公害は経済発展の副産物ではなく，失敗の表れである．[48]

公害問題に加え，地球扶養力の限界という問題も浮上した．1972年に出版された『成長の限界』によると[49]，地球生態系の資源供給及び汚染浄化能力には限界があり，経済成長はこれらの要因によって制約を受ける．この制約を無視して経済成長を続けた場合，約100年以内に人類の平均的な生活の質は深刻なレベルにまで低下する恐れがあるという．このような破局を避けるためには，人口増加を抑制しつつ，経済規模を縮小させ，限りのある資源を合理的に管理しながら効率的に使わなければならない．このような考え方は1970年代以来の環境運動の隆盛に大きな影響を与えた．[50]

J. サイモン（Simon）のように，成長の限界を真っ向から否定する人もいる．彼に言わせれば，人間の叡智によって成長の限界は乗り越えられる．産業革命以来の経済成長によって人々の全般的な生活水準は良くなっており，今後もさらに良くなっていくはずであるという[51]．その一方で，成長の限界という考え方は今もなお健在である．1992年には世界70カ国約1,600人もの科学者たちが声明を発表し，地球扶養力の限界を無視することは危険であると警告した．歴代ノーベル賞受賞者102人もこの声明に加わった．[52]

地球科学者たちは，地球は完新世（Holocene）から人類世（Anthropocene）という新しい段階に突入してしまったと警告している．完新世と呼ばれる過去1万年の間，地球生態系は生命活動に適した安定状態を維持してきた．この完新世の期間に人類も文明を築くことができたの

である.何かの激変さえなければ,この完新世はこれからも数千年は続くものと見られていた.ところが,産業革命以来の人間活動は完新世の安定を大きく損なってしまった.その結果,地球は人間によってその運命が左右される人類世という危うい時代に突入してしまったのである.人類世への突入は,人類を含む地球上の生命体にとってとても不安定で,危険で,最悪の場合は破局に至りかねない,危機の時代の始まりを意味する.[53]

　J．ロックストロム（Rockstrom）らによると,人類世的な危険はすでに現実のものになりつつある.彼らは,地球許容範囲（planetary boundaries）という概念的枠組みを用いて,気候変動,生物多様性,窒素及びリンの循環,オゾン層,海洋の酸性化,淡水利用,土地利用,化学物質による汚染,大気中のエアロゾルといった領域で起こっている変化を観察している.彼らの研究によると,この中でいくつかの領域においては,すでに許容範囲を超えて変化が起こっている.とりわけ,気候変動,生物多様性,窒素及びリンの循環といった領域において,危険は深刻なレベルにまで高まっている.その主な原因は産業革命以来の人間の活動にあるという.[54]

　たとえば,古気候学の研究によると,大気中の二酸化炭素濃度が450ppm以下に下がるまで,地球は氷のない世界であった.このような知見に基づいて,科学者たちは,地球温暖化の原因となる二酸化炭素の濃度が350ppm以下となることを求めているのである.ところが,大気中の二酸化炭素の濃度はすでに387ppmに達している.その主な原因は,産業革命以来化石燃料を大量に使う過程で排出された二酸化炭素と言われている.科学的知見によると,このまま地球温暖化が進行すれば,取り返しのつかない深刻な気候変動が起こる.大陸氷河は融け,海面は上昇し,今まで生命を支えてきた自然界のメカニズムは大きく変化する.しかも,一つの異常現象は他のサブシステムにおける変化を刺激し,事態は急速に悪化する恐れがあるという.[55]

　生物多様性の喪失も許容範囲を超えて進行している.地球の長い歴史からすれば,生物多様性における変化は自然現象でもある.しかし,産業革命以来,自然的過程より100倍から1,000倍という速い速度で,生物多様

性が失われている．その大きな原因は，人間による開発や，人間の移動に伴って入ってきた外来種の増加であるという．しかも，地球温暖化に伴う気候変動によって事態はさらに悪化する可能性があり，最悪の場合は生物種の約 30％が絶滅しかねないと予測されている．生態系の回復力（resilience）を健全な状態で維持するためには，生物多様性を豊富な状態のまま維持しなければならない．ロックストロムらの研究によると，残念ながらこの分野においても，すでに限界を超えて変化が起こっている．[56]

窒素及びリンの循環も許容範囲を超えている．化学肥料の原料として使われる窒素とリンは，雨水や地下水を通じて河川や海に流れ込み，植物プランクトンの栄養源となる．ところが，窒素やリンの流入量が許容範囲を超えると，川や海は富栄養化による酸素欠乏の状態に陥り，水生生態系に甚大な被害をもたらす．ロックストロムらによると，海に流れ込むリンの量が産業革命以前の段階より 10 倍多くなった場合，深刻な海洋無酸素事変が起こる可能性がある．また，窒素循環過程を通じて再び大気中に遊離した窒素は温室効果ガスとして働き，それによって地球温暖化がさらに悪化する恐れがある．このような事態を防ぐためには，人為的に利用される大気中の窒素の量を年間 3,500 トン以下に抑え，海に流入するリンの量も年間 1,100 トン以下に減らさなければならない．しかし，この許容範囲の限界もすでに超えられたという．[57]

産業革命以後，人類は物質的豊かさを手にした．しかし，貧困と格差は依然として深刻な問題として残っている．さらに，人類はエコロジーの面でも深刻な問題に直面するようになった．人類は，一方では貧困という問題を克服しながら，他方では地球生態系の持続可能性を維持するという，新しい発展の道を模索しなければならなくなった．持続可能な発展という考え方は，このような反省の文脈の中から形成され，次第に支持を広げてきたのである．

第 2 章　意味形成の社会的文脈

# 第3章　制度化の道程

## 1. 1960年代

　オルタナティブな発展の道の模索が本格化したのは1960年代に入ってからである．その背景には，戦後の経済成長に伴う公害問題や環境問題の深刻さがあった．公害や環境問題が次々と起こるなか，人口増加，資源不足，核戦争，生態系破壊に対する危機感も高まった．物質主義，経済成長至上主義，官僚主義，軍事主義からの転換を求める世論や社会運動も世界中に広がった．持続可能な発展というビジョンはこのような文脈の中で形成され，次第に制度化されてきたのである．[58]

　その幕を開けたのは次の二冊の本であった．一つは，1962年に出版されたR. カーソン（Carson）の『沈黙の春』（*Silent Spring*）である[59]．この本は，殺虫剤の過度な使用に伴う健康及び環境上の危険性を告発するものであった．鳥が鳴かなくなった春という意味の題名は，我々の文明に忍び寄ってきたエコロジー的危機を象徴的に表している．地球生態系は我々の生存に欠かせないすべてのものを提供している．ところが，その地球生態系が，物質的豊かさを求める人間によって悲惨にも破壊されている．『沈黙の春』を通じてカーソンは，戦後の物質主義や成長至上主義に警鐘を鳴らしたのである．ベストセラーになったこの本は，環境意識の世界的高揚に決定的な影響を与えた．

　もう一つの本は，1969年に出版されたP. R. エーリック（Ehrlich）の『人口爆弾』（*Population Bomb*）である[60]．この本でエーリックは，人口の爆発的な増加は食糧不足と環境悪化を招くと警告した．生物学者から発せられたこのような警告は，地球生態系の許容能力に合わせて政治経済システムを再構築しなければならないという急進的な環境思想や運動に火をつけた．J. サイモン（Simon）[61]のように，人口爆弾の考え方を正面から批判する研究者も現れたが，エーリックの本は，大衆的な支持を広げ，政治にも大きな影響を与えた．1970年代後半，米国のカーター

(James E. Carter) 政権 (1977-1981) は，エーリックの考え方に基づいて，エネルギー，資源及び人口政策を策定した．

1960 年代には有名な環境運動団体も次々と姿を現した．1967 年にニューヨークで設立された環境防衛基金（Environmental Defense Fund）は環境破壊の行為を対象に裁判を起こす活動を展開した．1969 年には地球の友（Friends of the Earth）が設立され，環境保護のための抗議行動や政策提言活動を行い始めた．1970 年 4 月 22 日には米国で地球の日（Earth Day）イベントが行われ，主要都市で開催された討論集会には約 2 千万人もの人が参加した．それ以来，地球の日イベントは毎年世界各地で開かれるようになった．[62]

1968 年には国連教育科学文化機関（UNESCO）の主催で，資源の使用と保全に関する国際会議が開かれた．この会議では，生態学的に持続可能な発展について討論が行われた．1969 年には米国オハイオ州にあるカヤホガ(Cuyahoga)川で水質汚染による火事が発生し，周辺地域に甚大な被害をもたらした．この事件をきっかけに，米国では環境規制の主務官庁として環境保護局（Environmental Protection Agency）が創設された．国家環境政策法（National Environmental Policy Act）も成立し，大型公共事業に対して環境影響評価を行うことが義務づけられた．この二つの制度は他の国にも影響を与え，多くの国で環境規制を目的とした環境法及び環境行政体制が整備されるようになった．[63]

この時期，日本では高度経済成長に伴う産業公害が深刻な問題となっていた．熊本県水俣湾周辺で発生した中枢神経障害を引き起こす水俣病は，チッソ水俣工場のアセトアルデヒド製造工程で使われていた水銀が原因であることが判明した．1964 年には新潟県阿賀野川流域でも水俣病が発生した．一方，1960 年に石油コンビナートが建設されてから，三重県四日市市を含む隣接地域では喘息患者が多発し始めた．1964 年 4 月には四日市市でスモッグが 3 日間も続き，喘息患者が死亡する事態となった．富山県神通川流域の農村地域では，わずかな刺激でも病的骨折になってしまう骨軟化症が流行りだした．この病気はイタイイタイ病と呼ばれた．1966 年 9 月，富山地方特殊病対策委員会と厚生省及び文部省の関連委員会は合

同会議を開き,イタイイタイ病の原因は神通川上流の三井金属神岡鉱業所の亜鉛・鉛鉱山から出るカドミウムであるという調査結果を発表した.1967年には,北九州市の40歳以上の女性6000人を対象として行われた大気汚染の影響に関する報告書が公表され,多くの住民が呼吸器疾患に悩まされていることが明らかになった.[64]

　公害対策を求める陳情や公害反対運動も広がり,政府や自治体も公害対策に力を入れ始めた.1964年には厚生省環境衛生局に公害課が設置された.1967年には公害対策基本法が施行され,大気汚染,騒音,被害救済に関する法律も次々と制定された.東京都のように,独自の公害防止条例を制定する自治体も現れた.1970年11月には公害国会と呼ばれた臨時国会が開かれ,審議中の公害関連14法案がすべて可決・成立した.公害対策より経済を優先する政府に対する批判世論も高まった.公害対策を行う際には経済の健全な発展との調和を図るという公害対策基本法の調和条項は削除されることになった.[65]

## 2. 1970年代

　1970年代には世界的に環境意識が高まった.1972年6月にはストックホルムで国連人間環境会議（ストックホルム会議）が開かれた.この会議には113カ国の政府代表と400を超える政府間組織（IGO）や非政府組織（NGO）の代表が参加した.ストックホルム会議では人間環境宣言（Declaration of the United Nations Conference on the Human Environment）が採択された[66].同宣言には,後ほど持続可能な発展という考え方に繋がる内容が盛り込まれた.その要旨は概ね次のとおりである.

　　人類が進化の過程で得られた環境を変える力は人類に恩恵をもたらした.しかし,この過程で環境が破壊され,人間の生存そのものが脅かされている.我々は自分たちの行いが環境に及ぼす影響について理解しなければならない.貧困をなくすために開発は必要である.しかし,その開発は環境保護に配慮する方法で行われなければならない.現世代だけでなく,未来世代のためにも,環境

は保護されなければならない．また，我々は再生不可能な資源やエネルギー資源を合理的に管理しなければならない．また，その便益は皆で共有しなければならない．さらに，有害物質の排出においても，地球生態系が浄化できる限度を超えないようにそれを押さえる必要がある．このような実践において，先進国は率先して取り組み，また，発展途上国を支援しなければならない．[67]

　同宣言の精神は1987年に公表された国連のブルントラント報告書にも受け継がれた．ストックホルム会議の後，その合意事項を実行する国際機関として国連環境計画（United Nations Environment Programme，又はUNEP）が創設された．UNEPは国連の関連機関と協力しながら，情報の提供と事業の企画を担うこととなった．海洋汚染に対する多国間事業，オゾン層保護に関する国際条約，気候変動に関する国際条約において，UNEPは産婆役を務めた．[68]

　同じ年に，マサチューセッツ工科大学（MIT）のメドウズ助教授を中心とする研究グループによって『成長の限界』[69]が出版された．いつも通り資源が消費され，環境が汚染される場合に，はたして地球はいつまで人類の棲息を保障しうるだろうか．この本はローマ・クラブ（Club of Rome）[70]のこのような問題提起を受けて作成された研究報告書であった．この研究は数学的モデルによるコンピューター・シミュレーションという最先端の方法で行われた．その結論は，来たるべき100年以内に経済の成長は限界点に到達する，ということであった．技術進歩の可能性を過小評価しているのではないかという批判も起こったが，この本に対する世間の反響は大きかった．出版後たった一週間で，米国だけで2万部が売り切れになった．この本の影響で，「経済，資源，人口に関する政策は有限な地球を前提にしなければならない」という考え方が急速に広がった．[71]

　成長の限界という考え方は，生存主義（survivalism）と呼ばれる急進的な政策パラダイムの形成を促した．1973年に発生したオイルショックは，成長の限界や資源保全をめぐる論争に油を注いだ．同年OECDは，汚染に伴う費用は汚染者に負担させるという汚染者負担原則（Polluter-Pays Principle，又はPPP）の導入が必要であると表明した．

市場経済の価格システムの中に環境的関心を組み入れようとする動きが世界的に広がり始めた．

1974年にはオゾン層破壊のメカニズムを明らかにした論文が発表された[72]．成層圏のオゾン層は太陽からの有害な紫外線を吸収し，地球上の生命を守る機能を果たしている．ところが，人類が創り出したフロンガスによってオゾン層が破壊されている．このような科学的知見に基づき，フロンガス規制に向けた国際協議が始まった．1987年にはオゾン層を破壊する物質に関するモントリオール議定書が採択され，世界的にフロンガス規制が行われるようになった[73]．一方，1979年3月には米国ペンシルベニア州のスリーマイル島原子力発電所で冷却材喪失による放射能漏れ事故が起こった．この事故をきっかけに世界的に反原発運動が広がった．

1970年代には政策の転換を促す活動も活発に行われた．1971年，環境運動団体グリーンピース（Greenpeace）[74]がカナダで結成された．周知のとおり，グリーンピースは世界各地に支部を持つグローバルな環境運動団体に成長し，環境保護に関する抗議行動や政策提言活動を行っている．1975年には民間研究組織ワールド・ウォッチ研究所（Worldwatch Institute）が設立され，生存主義の観点から人口，資源，食糧，エネルギー，地球環境に関する調査及び政策提言活動を行い始めた[75]．1980年には国際自然保護連合（International Union for Conservation of Nature）が作成した「世界保全戦略」（World Conservation Strategy）が発表された．UNEPの依頼で作成されたこの戦略では，持続可能な発展という言葉が使われた．同じ年に，米国のカーター政権は「グローバル2000レポート」（Global 2000 Report）を発表し，人口削減，資源保全，環境保護の必要性を訴えた．[76]

この時期，日本では被害者住民側が起こした複数の公害裁判で次々と原告勝訴の判決が下された．1971年6月のイタイイタイ病第一次訴訟では，三井神岡工業所から排出されたカドミウムが主因であることが認められ，原告側が勝訴した．同年9月に行われた新潟水俣病裁判でも昭和電工側の責任が認められ，被害者の住民側が勝訴した．1972年7月の四日市公害訴訟では，被告6社の不法行為が認められた．1974年2月の大阪空港騒

音問題をめぐる裁判でも，原告住民らへの損害賠償が認められた．[77]

公害防止のための制度整備も本格化し始めた．1971年5月には公害防止事業費事業者負担法が施行された．同年7月には総理府の外局として環境庁が設置され，厚生省と通産省に分散していた環境規制が一元化された．環境庁は2001年に環境省に昇格された．1972年には公害訴訟を担当していた弁護士らが全国公害弁護団連絡会議を結成した．この組織は，地域ごとに起こっていた公害裁判の動きを水平的にネットワークする役割を担った．同年6月には自然環境保全法が公布された．1973年には公害健康被害補償法案が閣議決定され，10月には化学物質の審査及び製造等の規制に関する法律も公布された．

1974年11月には東京で合成洗剤追放全国集会が開かれた．環境庁の水質調査では，湖沼の7割，河川の4割が汚染されていることが判明した．翌年には，国土の8割及び海岸線の4割が無秩序な開発によって破壊されているという調査結果が公表された．1976年12月には乗用車に対する排気ガス規制が導入された．この規制には当時としては世界で最も厳しい基準が採用された．1977年5月には琵琶湖で大規模赤潮が発生した．これをきっかけに，リン含有合成洗剤を使わないという石けん運動が市民運動として全国に広がった．1979年6月には公害研究委員会及び公害弁護士連絡会のメンバーが中心となった日本環境会議が学会として発足した．10月には滋賀県で琵琶湖富栄養化防止条例が可決された．その一方で，環境アセスメント法案は5年連続で国会提出が先送りされた．産業界と関連省庁が環境アセスメント制度の導入に反対していたからである．二度にわたるオイルショックも環境規制反対の追い風となっていた．[78]

## 3. 1980年代

1980年代には地球環境問題に関する国際的枠組み作りが本格化し始めた．1982年，国連海洋法条約（United Nations Convention on the Law of the Sea）が締結された．この条約によって領海と排他的経済水域の範囲が定められた．沿岸国は主権が及ぼす水域において海洋保護の義務を負う

とともに，公海及び深海底の汚染防止にも努力しなければならなくなった．国連世界自然憲章（United Nations World Charter for Nature）も採択された．「人類にとって価値があるか否かにかかわらず，すべての生命は尊重されるべきである．我々人類は自然に依存していることをよく理解する必要がある．」憲章ではこのような原則が明記された．[79]

1985 年には南極オゾンホールのイメージ写真が公開され，世界的にオゾン層保護を求める世論が高まった[80]．同じ年に，世界気象機関（World Meteorological Organization，又は WMO），国連環境計画（UNEP），国際学術連合会議（International Council of Scientific Unions，又は ICSU）は，「人為的に排出された二酸化炭素によって地球温暖化が進行しており，その結果，深刻な気候変動がもたらされうる」という合同見解を発表した．1986 年には旧ソ連のチェルノブイリ（Chernobyl）原発で原子炉が爆発し，放射性物質が大量に放出される事故が起こった．この事故がきっかけとなり，脱原発の世論と運動が世界中に広がった．1987 年には，オゾン層保護とフロンガス規制を定めたモントリオール議定書が採択された．同じ年にブルントラント報告書も出版され，持続可能な発展という概念に世界の注目が集まった．1988 年には気候変動に関する政府間パネル（International Panel on Climate Change，又は IPCC）が設立された．IPCC は気候変動に関する研究成果を広く検討し，政府関係者に政策提言をする活動を行い始めた．

一方，1980 年代には規制緩和と放任主義的な市場経済を擁護する新自由主義（neo-liberalism）イデオロギーが幅を利かせていた．その影響で，規制緩和の風潮が世界的に広がった．政策手段においても直接規制は敬遠され，企業の自主的活動に委ねる自主的手法が好まれるようになった．環境政策の後退は特に米国で著しかった．共和党のレーガン（Ronald W. Reagan）政権（1981-1989）は，カーター民主党前政権時代の生存主義的な政策を痛烈に批判し，規制緩和と経済成長を前面に押し出した．環境保護局の人員や予算も大幅に削減された．「環境保護局の反成長主義者たちを放っておくと，我々は皆ウサギや鳥のような暮らしを余儀なくされることになる．」このような考え方がホワイトハウスを支配していた．[81]

この点においては日本も例外ではなかった．経済成長の妨げにならない限りで公害対策を行うという調和論的な考え方は，1970 年の公害国会で破棄されたはずだった．しかし，1970 年代末になると，不況からの脱却を口実に経済成長第一主義が復活した．政権党の自民党は公害物質固定発生源に対する総量規制に反対した．与党の政策責任者は「環境庁は不要」という発言を通じて本音を漏らした．このような状況で，環境庁の力はさらに弱まった．環境庁が検討していた環境アセスメント制度は，経済団体と通産省の反対で法案の提出すらできなかった．同法案は 1981 年 4 月にようやく国会に提出されたが，3 年間の審議の末，衆議院解散を受けて審議未了廃案となった．環境アセスメント法は 1997 年 6 月になってようやく成立した．[82]

その一方で，草の根レベルでは環境運動が活発に行われた．1981 年 5 月には 37 の公害患者団体からなる全国公害患者の会連合会が発足した．1982 年 2 月には沖縄嘉手納基地爆音をめぐって地域住民が夜間飛行の禁止を求める裁判を起こした．同年 7 月には，昭島・福生・立川の住民が米軍横田基地の騒音発生差し止めを求めて提訴した．1985 年 11 月には田辺市でナショナル・トラスト運動が起こり，市民グループは保護の目的で天神崎の森を買い上げた[83]．1986 年 8 月には北海道の自然保護団体連盟が知床原生林の伐採中止を訴えるシンポジウムを開いた．同年 10 月には地球環境と大気汚染を考える全国市民会議（CASA）が発足した．[84]

## 4. 1990 年代

1990 年代には持続可能な発展に関する国際的な取り組みが本格化した．1992 年 6 月，ブラジルのリオデジャネイロ（Rio de Janeiro）で環境と開発に関する国連会議（United Nations Conference on Environment and Development）が開催された．このリオ会議では持続可能な発展のための行動計画とも言えるアジェンダ 21 (Agenda 21)が採択され[85]，持続可能な発展に取り組むための具体的な方針が示された．さらに，持続可能な発展の進捗状況をモニタリングするため，国連の中に持続可能な発展委員

会 (Commission on Sustainable Development) が創設された.

リオ会議では, 生物多様性保護に関する条約と気候変動防止に関する条約も締結された. 1997年11月には気候変動枠組条約の第3回締約国会議 (COP3) が京都で開かれ, 具体的な事項を定めた京都議定書 (Kyoto Protocol) が採択された. 京都議定書の採択を受け, 先進国は2008年から2012年までの5年間を第一約束期間とし, 二酸化炭素を含む6種類の温室効果ガスの排出量を削減することになった. EUは1990年比8%削減を, 日本は6%削減を約束した. 最大排出国だった米国は7%削減を約束していたが, 国内経済への悪影響を理由に京都議定書から離脱した. もう一つの理由は, 多量排出国でありながら発展途上国という理由で削減義務を免除されていた中国に対する不満であった.[86]

1990年代後半には遺伝子組み換え作物 (genetically modified organisms, 又はGMOs) に対する懸念が世界的に高まった. 1998年, EUは北米産GMOsの輸入を禁止した. 自殺種子 (育てた作物から種が取れないように遺伝子を組み換えられた種子) に反対する運動も発展途上国の農民の間に広がった. 1999年には金融・経済情報大手ダウ・ジョーンズ社 (Dow Jones & Company, Inc.) が持続可能性指標を公表した. この指標は持続可能な発展という目標を経営方針に取り入れている企業への投資を促すために開発されたものであった. 2000年には国連のミレニアム発展目標 (Millennium Development Goals, 又はMDGs) が発表された. この計画を通じて, 貧困の撲滅, 初等教育の普及, ジェンダー平等, 乳幼児死亡率の改善, 妊産婦の健康改善, エイズ及びマラリアの予防, 環境的持続可能性の確保, 発展途上国への支援といった取り組みが大々的に行われた. MDGs事業は2015年に終了し, 同年9月に採択された国連の持続可能な発展目標 (Sustainable Development Goals, 又はSDGs) に継承された.[87]

日本でも持続可能な発展のための制度整備が行われ始めた. 1993年11月には環境への負荷の少ない健全な経済発展を目標とする環境基本法が公布された[88]. 川崎市を始め多くの自治体で持続可能な発展の観点から環境計画やローカルアジェンダ21を策定する動きが広がった. 同年12月

には国の第一次環境基本計画が閣議決定された．

　1995年1月には阪神淡路大震災が発生し，倒壊した建物から出るアスベストが大きな問題となった．その一方で，震災をきっかけにボランティア活動が活発になり，1998年6月の特定非営利活動促進法（NPO法）の成立につながった．1998年6月には地球温暖化対策本部が設置され，地球温暖化対策推進大綱も策定された．2000年6月には循環型社会形成推進基本法が公布された．同基本法では，廃棄物発生の抑制，資源の循環的な利用及び適正な処分，天然資源消費の抑制，環境負荷の低減といった項目が国の重点政策として掲げられた．[89]

　1990年代後半には環境及び生活の保護という観点から国策事業の是非を問う住民投票運動が広がった．1996年1月には新潟県巻町で原発建設の是非を問う住民投票が行われた．同年9月には米軍基地の整理縮小に関する沖縄県民投票が実施された．1997年6月には岐阜県御嵩町で産業廃棄物処分場建設の賛否を問う住民投票が行われた．同年12月には沖縄県名護市で米軍海上基地建設をめぐって住民投票が行われた．2000年1月には徳島県徳島市で吉野川可動堰建設の是非を問う住民投票が行われた．一連の住民投票の動きは市民の自己決定権と民主的政策決定のあり方に関する関心を高めた．[90]

## 5. 2001年以後

　2002年には南アフリカのヨハネスブルク（Johannesburg）で再び地球サミットが開かれた．ヨハネスブルク会議では1992年のリオ会議で採択されたアジェンダ21，及び，2000年に採択されたミレニアム発展目標の重要性が再確認された．ヨハネスブルク会議に対しては不満の声も上がった．多くの環境団体は，「ヨハネスブルク会議では環境的持続可能性より開発の方に重点が置かれ，経済成長を重視する産業界の声が会議を支配していた」と批判した[91]．2004年にはサハラ以南アフリカ地域でエイズが蔓延し，250万人が亡くなり，300万人が新しく感染する事態となった．

　2005年には気候変動枠組条約の京都議定書が発効し，批准国の温室効

果ガス削減に向けた取り組みが本格化した．2006年には気候変動の経済的費用に関する報告書スターン・レビュー（Stern Review）が発表された．この報告書によると，対策を取らないまま地球温暖化が進行した場合の経済的費用は世界GDPの5〜20%に相当するが，予防対策に掛かる費用はGDPの1%程度で済むという[92]．この報告書によって，気候変動対策を積極的に行った方が経済的にも合理的であることが明らかになった．2008年のリーマン・ショックによる経済不況の中，グリーン・ニューディール（Green New Deal）という言葉も流行し始めた．環境関連投資による経済成長を指す緑の経済（the green economy）という考え方にも世間の耳目が集まった．

2011年3月11日には東日本大震災が発生し，福島第一原子力発電所で原子炉圧力容器と建屋の破損による放射能物質の大量放出という大事故が起こった．事故後，日本では原子力依存のエネルギー政策に対する批判が高まった．福島原発事故をきっかけに，世界的に脱原発の世論が高まった．ドイツ政府は自国の古い原発に対する寿命延長の方針を撤回し，脱原発の方針を改めて確認した．中国は持続可能な発展の考え方を取り入れた第十二次五カ年計画を発表した．

2012年6月には，再びリオデジャネイロで地球サミットが開催された．1997年のリオ会議から20年という意味を込めて，この会議はリオプラス20（Rio+20）と呼ばれた．この会議では，持続可能な発展のためには緑の経済への転換が欠かせないという合意が採択され，低炭素及び省エネルギーに関する技術革新を通じて，地球環境問題の解決と経済成長を同時に達成するという方針が示された．また，持続可能な発展を世界的に進めるためには共通の計画が必要であるという合意も採択され，そのための作業を国連レベルで本格的に進めることとなった．[93]

2015年9月，貧困，飢餓，健康，教育，ジェンダー，衛生，経済成長，雇用，環境的持続可能性など17の目標と169の下位目標からなる持続可能な発展目標（Sustainable Development Goals，又はSDGs）が国連で採択された[94]．同年11月にはパリで気候変動枠組条約第21回締約国会議（COP21）が開催され，京都議定書に取って代わる新たな国際枠組みと

してパリ協定（Paris Agreement）が採択された．パリ協定には，世界平均気温が産業革命以前の世界平均気温より 2℃以上上昇しないように押さえるという目標が明記された．さらに，発展途上国を含むすべての締約国は温室効果ガス削減の義務を負うことになった．[95]

日本では，2001年1月に環境庁が環境省に昇格された．2002年には東京電力の原発トラブル隠しが発覚し，批判世論が高まった．使い終わった核燃料からプルトニウムを取り出して再利用するプルサーマル計画の早期実施も断念された．2005年12月には大気汚染防止法施行令が改正され，アスベストの飛散防止措置が強化された．2009年7月には水俣病被害者救済等に関する特別措置法が制定され，未認定患者の認定と一時金支給が認められた．2010年10月には名古屋で生物多様性条約第10回締約国会議が開かれ，遺伝資源への公平なアクセス及び利益配分に関する名古屋議定書が採択された．2011年3月には前述の福島原発事故が起こり，国のエネルギー政策の方向転換を求める世論と運動が高まった．当時の民主党政権は国民的な熟議プロセスを踏まえて脱原発のロードマップを策定した．しかし，その直後の選挙で自民党への政権交代が起こり，脱原発計画は事実上白紙に戻された．

2014年4月には京都議定書第一約束期間（2008年〜2012年）における日本の削減状況が公表された．政府の確定値によると，2012年度の温室効果ガス排出量は1990年比1.4％増となったが，森林吸収源及び柔軟性措置による削減効果を入れると8.4％減となった[96]．6％削減という日本政府の目標はかろうじて達成できたが，日本政府は京都議定書の延長に反対する立場を固め，米国が主導する新しい枠組みづくりに加わった．[97]

# 第4章　政治地平の変容

## 1. 脱物質主義価値観

　ブルントラント報告書に代表される持続可能な発展というビジョンは価値観の変化とともに形成された．その始まりは，1960年代を前後として西欧社会で起こった脱物質主義価値観の広がりであった．このような変化は物質主義価値（materialist values）から脱物質主義価値（post-materialist values）への価値観の変容と呼ばれている．

　R. イングルハート（Inglehart）によると，物質主義者は経済成長，政治的権威，秩序，安全のような価値を好む傾向があり，困難な物事をやり遂げようとする強い達成動機を持っている．その一方で，異質的なものや異国的なものに対して，物質主義者はあまり寛容的でない．物質主義者は宗教の権威と教理には服従的であり，結婚の重要な目的は子孫を残すことであると考えている．同性愛に対しても，物質主義者は一般的に不寛容の態度を取るという．[98]

　物質主義者と違って，脱物質主義者は政治的権威には依存せず，自己表現と自発的な参加を重視する傾向がある．脱物質主義者は異質的なものや異国的なものに対して寛容的であり，それを新しい刺激と考え，受け入れる傾向がある．脱物質主義者にとって重要なことは生活の質である．ただし，その満足の基準が必ずしも物質主義的価値に基礎を置いているとは限らない．それよりはむしろ，自己実現といったような主観的な基準が重視される．個人としての自己実現とそのための自由を重視する脱物質主義者は，既成宗教に対してあまり従順ではない．産児制限や同性愛に対しても，脱物質主義者は一般的に寛容的であるという．[99]

　イングルハートによれば，物質主義から脱物質主義への価値観の変容は，戦後復興期以降の欧米先進諸国を始め，工業化による急速な経済成長を経験した新興諸国において確認できる[100]．これらの地域では，物質的な豊かさを享受しながら育った子世代が大人になるにつれて，脱物質主義的な価

値観が幅を利かせるようになった．この脱物質主義世代は，物質的欠乏や身の安全に対する不安を抱えながら生きてきた親世代とは違って，物質的に豊かで，より平和な環境で生まれ育った世代である．それゆえ，脱物質主義世代は物質的欲求よりは自己実現や生活の質といった脱物質主義的欲求を重視するようになったのである．[101]

　価値観の地平に起こったこのような変化は政治にも大きな影響を及ぼした．脱物質主義者は物質主義的価値観によって構築されてきた古い政治に満足することができなかった．既成の政治システムは，賃金や所得の上昇，経済成長，軍事力による安全保障といった物質主義的な目標を中心に動いていたが，このような政治システムは，人権，環境，アイデンティティー，平和，自己実現など，脱物質主義的なイシューに敏感に反応することができなかったのである．かくして，脱物質主義的な要求は既存の古い政治システムという回路ではなく，新しい社会運動という回路を通じて政治化していくことになる．[102]

　価値観の変容は，高度経済成長期以後の日本においても確認できる．内閣府の調査によると，1980年頃を起点とし，日本でも物質的豊かさより心の豊かさを重視する傾向が顕著になり始めた．このような傾向は現在に至るまで衰えることなく維持されている．[103]

## 2. 新しい社会運動

　価値観の変容とともに社会運動にも変化が起こり始めた．社会運動（social movement）とは，複数の人々が社会のある側面を変えるために組織的に取り組み，その結果，非制度的な手段も含めて，敵手・競合者と多様な社会的な相互作用を展開することになる行為を指す．古典的社会運動の例としては，参政権及び政治的自由の拡大を求める民主化運動や，労働者の権利及び社会的地位の向上を求める労働運動が挙げられる．これらの社会運動は，自由主義や社会主義といった政治イデオロギーによる組織的な動員に支えられていたのが特徴である．[104]

　その一方で，脱物質主義への価値観の変容が起こり始めた1960年代頃

から，先進工業国を中心に新しいタイプの社会運動が出現し始めた．この新種の社会運動は脱物質主義的価値の実現を目標として階級横断的な形で発生していた．A．トゥーレーヌ（Touraine）は，このようなタイプの社会運動を脱工業化社会に特徴的な現象と考え，新しい社会運動（the new social movement，又は NSM）と名付けた．C．オッフェ（Offe）によると，NSM は特定のイデオロギーによって組織されるというよりは，むしろイシューごとに生成と消滅を繰り返し，組織の面でも流動的で開放的であるのが特徴だという[105]．

一般的に，NSM の主な支持者は高学歴で経済的に余裕のある階層である．学生，主婦，年金受給者，失業者のように労働市場の周縁で脱商品化されている集団や，自営業者，農夫，職人のような旧中間層の一部も，NSM を支持する傾向がある[106]．支持者層からも分かるように，NSM は必ずしも階級対立から起こる運動とは限らない．むしろ，NSM は階級横断的なイシューを中心に組織される傾向がある．たとえば，豊かな人であれ貧しい人であれ，汚染された環境で健康でいられることは不可能である．それゆえ，環境運動は階級的な利害関係とは別の回路で階級横断的な形で発生するのである．反核，平和，ジェンダー，アイデンティティーなどのイシューに対しても同じことがいえる[107]．

NSM の台頭においては日本社会も例外ではなかった．地域住民，弁護士，大学研究者など，様々な主体が連帯して行った公害反対運動は，日本版新しい社会運動の萌芽といえる．1980 年代に発生した逗子市池子の森保護運動，生活クラブ生協による地域政党運動，様々な環境運動，そして住民自治的なまちづくり運動なども，新しい社会運動の範疇に入るといえる．1990 年代からは，国の大型公共事業に異議を申し立てる運動も多く出現した．これらの運動も，物質主義的な動機だけでは説明が困難な新しいタイプの社会運動であった[108]．

特に生活クラブ生協の地域政党運動は，生活者という新しいアイデンティティーを中心に組織された新しい社会・政治運動の典型例といえる．琵琶湖の水質汚染が問題となっていた 1980 年，神奈川県生活クラブ生協は 22 万人もの市民から署名を集め，県内自治体に対して合成洗剤禁止条

例の制定を求める運動を展開した.ところが,条例制定の直接請求が行われた七つの市すべてにおいて,市民の要求は却下されたのである.これに怒った生活クラブ生協の市民たちは自分たちの仲間を市民の代理人,すなわち地方議員として当選させる運動を展開し,議席の獲得に成功したのである.この運動の主役が女性であったことも前例のない大きな特徴であった.それ以来,この運動は地域政党運動として地域社会に定着した.2017年3月現在,16人の市民の代理人が,生活,就労,子育て,介護,環境,平和などのイシューを中心に,神奈川県内の地方議会で女性議員として活躍している.[109]

## 3. 緑の党

既成政党はこのような新しい社会運動の政治的受け皿にはなれなかった.左派右派を問わず,既成政党は物質的価値,とりわけ経済の量的な成長を第一の課題としていたからである.J. ポリット(Porritt)が指摘しているとおり,脱物質主義者に言わせれば,産業社会における左派,右派,中道派とは,三車線道路の異なる車線を同じ方向に向かって走っている車のようなものであった[110].対照的に,脱物質主義者たちは産業社会の物質主義的価値とは全く違う方向に向かう新しい道を探し求めていたのである.

このような新しい政治的要求の受け皿として登場したのが緑の党(green party)であった.緑の党は生態学的持続可能性を経済成長より重視する政党である.この点において,緑の党は既成の右派政党とも左派政党とも明らかに違う政党であった.緑の党の支持者に言わせれば,生産拡大による経済成長を第一義的な目標としている点では,既成政党はすべて同類のものである.また,中央集権,官僚制,そして巨大科学からなっている産業主義体制を先験的なものと捉えている点においても,既成の左派政党と右派政党の間に大きな違いはなかった.「我々は右でも左でもなく前方にいる」という緑の党のスローガンは,緑の党のこのような立場を端的に示している.[111]

さらに，既成政党とは違って，緑の党は院内での政治活動より院外での社会運動を重視している．政党として権力の獲得を目指してはいるものの，それはあくまでも社会運動の目標を政治的に実現するためであって，政治活動そのものが目的ではなかった．また，党の運営において，緑の党は草の根民主主義の原理を重視している．程度の違いはあるものの，世界各地で活動している緑の党は，底辺組織における徹底した討論に基づいて党の方針を決めている．その他，富やリスクの分配における正義，多様性の尊重，そして非暴力平和も，緑の党の基本原理である．こういう意味において，緑の党は反政党の政党（anti-party party）であった．[112]

　世界初の緑の党は 1972 年にオーストラリアのタスマニア州（Tasmania）で結成された．それ以来，世界各地で緑の党が生まれ，既成政治に挑み始めた．2016 年現在，世界 90 もの国・地域で緑の党が活躍している．緑の党の占める国会議席も，ヨーロッパ諸国で 20，欧州議会 46，オーストラリア 10，ニュージーランド 14，ブラジル 11，カナダ 2 など，296 席に上る．緑の党の支持者はおおむね新しい社会運動の支持者層と重なっている．[113]

　世界で最も成功した緑の党はドイツの緑の党である．1977 年，西ドイツでは地方議会選挙の候補者連合として「緑のリスト」が結成された．活動の目標は核兵器の配備と原発建設に反対することであった．左右を問わず，既成政党はすべて賛成の立場であった．しかし，緑の政治勢力の選挙運動は左右対立で分裂し，議席の獲得には至らなかった．1979 年 3 月には「もう一つの政治連合・緑の党」が結成され，6 月に実施された欧州議会選挙で 3.2％の得票率で約 100 万票を獲得し，選挙補助金が支給された．10 月のブレーメン市議会選挙では「ブレーメン緑のリスト」が得票率 5％を超え，4 議席を獲得した．これをきっかけに 1980 年 1 月には全国レベルの緑の党が結成され，1983 年連邦議会選挙で 5.6％の得票率で 27 議席を獲得した．戦後，連邦議会で新党が議席を獲得したのは，これが初めてであった．東西ドイツ統一後の 1993 年 4 月，西ドイツの「緑の党」は東ドイツの「同盟 90」と統合し，「同盟 90・緑の党」（以下，緑の党と表記）になった．ドイツの緑の党は 1990 年の選挙で 42 議席すべてを失う失敗

も経験したが，平均して約 7%前後の得票率で 50 前後の議席を維持している．1998 年選挙で緑の党は 6.7%の得票率で 47 議席を獲得し，第一党の社会民主党のパートナーとして連立政権に参加することになった．[114]

ドイツ緑の党の政治的成功は，原理主義から現実主義への路線転換に負うところが多い．1990 年の失敗がきっかけとなり，緑の党の内部では原理派と現実派の対立が激化した．原理派は，緑の党はあくまでも反政党の政党でなければならないと考えていた．原理派にとって緑の党は，職業政治家の集まりではなくアマチュア活動家の政党でなければならなかった．議員と党役員の兼職は禁止され，議員職も任期中に他の党員に交代された．党の意思決定においても，底辺からの討論を積み重ねていく草の根民主主義の原理が重視された．緑の党の理念を後退させかねないという理由で，他の政党との妥協や連立政権への参加は認められなかった．一方，党内の現実派は，原理主義の考え方が政党活動の妨げとなっていると考えていた．1990 年選挙の失敗も現実派に有利に働き，路線対立の末，現実派が実権を握るようになった．そして 1998 年に行われた選挙で，緑の党は前述のとおり見事に復帰を果たしたのである．この選挙結果は社会民主党との連立政権（赤緑連立政権）の樹立につながった．[115]

赤緑連立政権下では，持続可能な発展に関する政策に多くの進展が見られた．2002 年には原子力法が改正され，2022 年までに脱原発を完了させることが決まった．再生可能エネルギーで生産した電気を企業が一定の期間固定価格で買収することを義務づける制度や，温室効果ガスの排出に税を課して排出量の削減を誘導する制度も導入された．このような政策変更は，環境保護と経済発展の両立という持続可能な発展の目標に合致するものであった．特に，原発に頼らない気候保護というドイツ政府の方針は，気候変動対策として原子力発電が再び注目され始めた世界情勢からすれば，かなり急進的なものであった．[116]

一方で，英国や米国のように二大政党制の伝統が強い国の場合，緑の党のような第三の新党が議席を獲得することは容易ではない．選挙制度も緑の党の成否に大きく影響する．一般的に，単純多数決のルールで一人の候補者だけが当選となる小選挙区制よりは，政党の得票率で議席が配分され

る比例代表制のほうが，緑の党のような少数派新党には有利である．何より決定的な要素は，政党間競争の構造である．たとえば，原発や環境問題に関する有権者の関心は高いものの，既成政党がそれに敏感に反応していない場合，緑の党は有利になる．実際に，1980 年代のドイツでは地方レベルで反原発運動が広がっていたが，穏健左派の社会民主党さえ原発推進派であった．既成政党に失望した有権者の票は，脱原発を全面に掲げていた緑の党に流れた．ところが，その後既成政党も環境イシューに敏感に反応するようになり，環境イシューはもはや緑の党の専有物でなくなった．このような状況では，緑の党の存在感は弱まりかねない．それに，選挙の時は経済成長や雇用に関するイシューにどうしても世間の耳目が集まる．このような構造的な要因も，脱物質主義価値を重視する緑の党には不利に働く．[117]

　日本でも 2012 年 7 月に全国レベルの緑の党が誕生した．日本の緑の党は二つの流れを汲んでいる．一つは，1998 年に結成された環境派地方議員のネットワーク組織「虹と緑の 500 人リスト」である．もう一つは，元参議院議員中村敦夫氏が代表を務める「緑の会議」である．この二つの組織は 2008 年 11 月に合流し，「みどりの未来」となった．そして，福島原発事故をきっかけに，2012 年 7 月，「みどりの未来」を母体として日本の緑の党「グリーン・ジャパン」が結成されたのである．グリーン・ジャパンは 2013 年に行われた参議院選挙に挑んだが，1 議席の獲得が期待できる 2% 得票率・約 100 万票の壁を乗り越えることはできなかった．同選挙で緑の党は得票率 0.86%・約 46 万票の獲得に止まった．[118]

## 4．政治の新たな地平

　脱物質主義価値観が政治的影響力を持っていなかった時代において，政治は主に左右スペクトラムに沿って構築され，政治現象に対する説明もそれに基づいて行われていた．一般的に，左派は市場に対する規制に積極的で，富の再分配，平等，連帯といった価値を重視する．対照的に，右派の場合は政府や労働組合による市場への介入を嫌い，自由競争，規制緩和，

自己責任といった価値を重んじる傾向がある．このような区分は今でもなお有効であり，現代政治の基本的な対立軸を成している．[119]

その一方で，脱物質主義と新しい社会運動の台頭によって，従来の政治地平は変わり始めた．その変容の全体像は，N. カーター（Carter）が提示した図表2のような直交座標系で表すことができる．

図表2　政治地平の変容[120]

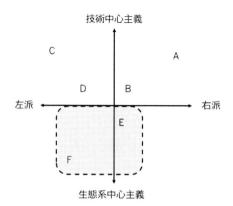

カーターの直交座標系は，伝統的な左右スペクトラムの X 軸と，エコロジーに対する態度の度合いを示す新しい Y 軸からなっている．政治地平の変容において重要なのは後者の Y 軸，すなわちエコロジー・スペクトラムである[121]．Y 軸における技術中心主義（technocentrism）は，「際限のない経済成長と物質的豊かさの追求は可能である」という世界観に基礎を置いている．技術中心主義者に言わせれば，エコロジー的問題は人間の技術的能力で十分乗り越えることができるからである．それゆえ，技術中心主義者は，幅広い市民参加による政策決定よりは専門家による政策決定の方を好む．さらに，技術中心主義者にとって，自然環境や天然資源はあくまでも人間の福祉のための手段であり，その中に固有の価値などは存在しない．[122]

対照的に，Y 軸における生態系中心主義（ecocentrism）は，技術中心

主義とは正反対の性向を表す概念である．生態系中心主義者に言わせれば，地球生態系には物理的かつ生物学的な許容範囲というものがあって，この許容能力の限界を超えて経済が成長することはあり得ない．したがって，資源消費の規模を減らし，生態系の許容範囲に適合する形で経済を運用した方が，むしろ経済的で合理的であるという．また，生態系中心主義者は生態系の複雑性に畏敬の念を抱き，人間が科学技術を用いて行っている生態系への介入は新しい問題を引き起こしかねないと案じる．さらに，生態系中心主義者にとって，人間は人間以外の存在の支配者ではなく，同じ生態系の中で生きる同等な仲間に過ぎない．[123]

　このY軸という新しいスペクトラムが加わることによって，旧来の政治に新しい地平が開かれるようになった．たとえば図表2のA又はBの地点が示しているとおり，旧来の右派政党は右派であると同時に，技術中心主義的で経済成長至上主義の政党でもあったのである．左派政党についても同じことがいえる．C又はDのような政党は右派政党と対極に位置する左派政党であると同時に，物質主義的な価値，とりわけ生産力の増大と経済成長を最優先の政治課題と考えている点においては前述の右派政党と大差のない政党だったのである．他方，直交座標系下段の点線で囲まれている領域は，エコロジー問題が優先的政治課題となる「緑の政治」の領域を表している．とはいえ，この緑の政治勢力も一枚岩とは限らない．政党Eよりは政党Fの方が，厳しい環境規制によって市場をさらに統制すべきだと考えているはずである．また，EよりはFの方が，生態系中心主義の面においてより一層急進的である．

　いずれにしても，政治の地平で起こっているこのような変容は，1960年代以来の価値観の変化，新しい社会運動の出現，そして緑の党の台頭といった一連の過程がもたらした現象である．持続可能な発展という新しいビジョンも，このような変容の過程で形成されたのである．

第 4 章　政治地平の変容

## 第 5 章　政策の転換

　それでは，持続可能な発展を実現するためにはどのような政策が必要なのか．1987 年に公表されたブルントラント報告書は，持続可能な発展の実現に向けた政策転換の方向性を提示している．本章及び次章においては，ブルントラント報告書の内容要約を通じて同報告書が提示した政策転換の全体像を明らかにする．出版から 30 年以上経っているにもかかわらず，ブルントラント報告書は依然として多くの示唆を与えている．[124]

### 1. 人口

　増え続ける人口は持続可能な発展の制約要因となる．生態学的に言えば，人口の増加は有限な資源及び生態系への負荷が加重されることを意味する．特に発展途上国の場合，経済成長の便益は人口増加によって相殺されてしまい，生活水準が改善されない状況が続いている．持続可能な発展のためには，人口増加を抑制しなければならない．[125]

　収入・雇用・社会保障の面で不安定な社会の人々は，働き手として，そして老後のため，より多くの子供をほしがる傾向がある．一方，経済成長の恩恵が社会全体に広く行き渡っている社会においては，出生率は下がる傾向がある．また，女性が教育を受ける機会，そして家庭以外の場で仕事をする機会が増えるほど，出生率は下がる傾向がある．女性の社会的地位が向上すれば，その世帯の経済的状況も改善され，貧困，多産，人口増加，貧困といった悪循環から抜け出す可能性も高くなる．このような対策と並行して家族計画が実施されることになれば，発展途上国における人口増加は緩和されるはずである．[126]

　人口問題は単なる数の問題ではない．人口問題は人間の潜在能力の向上に関する問題でもある．人間の潜在能力は教育によって高めることができる．貧困を克服する能力，資源生産性を高める能力などは，人口密度が高いことによって起こる様々な問題に対処する上で有用であり，必要である．

したがって，持続可能な発展における人口政策においては，人口増加の抑制だけでなく，人間の潜在能力の向上に向けた教育対策も重要である．創造性や生産性に関する人間の潜在能力を高めれば，持続可能な発展はさらに前進するはずである．[127]

開発によって先住民社会が破壊されないように配慮することも，人口に関する政策として欠かせない．開発が進むと，土着の先住民社会は破壊されがちである．極端な場合，先住民社会は開拓の対象とされ，伝統的な生き方や習慣は消滅してしまう可能性もある．先住民の伝統的な生き方や習慣が消滅することは，社会的に大きな損失である．先住民の伝統的な生き方や習慣は，その地域の複雑な生態系に適応し，それを持続可能な形で利用及び管理する過程で習得した智恵の産物でもあるからである．持続可能な発展のためには，人口政策のこのような側面にも注意を払わなければならない．[128]

## 2. 食糧

食糧の安全保障は基本的ニーズの充足において欠かせない要素である．ところが，世界にはまだ，十分な栄養が摂れない人が7億人以上いる．欠けているのは農業資源や技術ではなく，適切な政策である．食糧安全保障のためには，食糧が不足している地域で必要な食糧が生産できるように，関連政策を見直す必要がある．さらに，食糧の増産だけではなく，農業の生態学的な基盤そのものを維持していくための対策も講じなければならない．[129]

昨今の食糧問題は穀物の生産量よりも農業や貿易に関する政策に大きく影響されている．先進工業国の政府は補助金や農産物価格を通じて自国の農民を保護している．過剰に生産された先進工業国の農産物は国際市場に流れ込み，農産物の国際価格を下落させる．その結果，発展途上国における農業はさらに厳しい状況に追い込まれることになる．それだけではない．先進工業国でも発展途上国でも，旧来の農業政策は食糧の増産を最優先の課題としている．その結果，先進工業国の農業では農薬や化学肥料が

大量に使用され，発展途上国では新しい耕作地を求めて森林破壊が進む．こうして化学薬剤による汚染，森林破壊，土壌喪失などが起こり，農業の生態学的基盤は大いに損なわれる．これを持続可能な発展に相応しい農業とはいえない．持続可能な発展においては，増産のための対策だけでなく，農業の生態学的基盤そのものを維持するための対策が必要である．[130]

　持続可能な農業のためには政府の介入が必要である．ただし，政府による介入は農業の生態学的な基盤を維持するための介入でなければならない．たとえば，市場価格，補助金，税制などといった経済的手段は，生態系の保護と矛盾しない農法を普及する目的で使われるべきである．また，土地利用においては，集約的栽培地域，保全地域，修復地域などの区分を設け，土地の生産力を持続可能なものとして維持しなければならない．水資源の適切な管理，化学薬剤を代替できる有機質肥料の開発，森林保護，再植林，養殖の拡大なども，農業資源基盤の維持には欠かせない対策である．[131]

　さらに，公平性の確保も重要である．たとえば，大規模の農家だけが利するような土地制度は改めるべきである．自給自足農民，牧畜農民，遊牧民など，伝統的な方法に頼って農業を営んでいる人々の権利は尊重されなければならない．勿論，伝統的な生き方が農業資源基盤の破壊につながる恐れがある場合には，一定の規制はやむを得ない．しかし，このような規制は，生計を立てる他の代替案がある場合にのみ認められるべきである．

　先進国であれ発展途上国であれ，農村地域には統合的な発展政策が必要である．特に発展途上国においては，伝統的な技術と近代的な技術を組み合わせれば，農業資源を合理的に管理しながら生産力を向上させることができる．農業用の石油製品，化学肥料，農薬などは有機物に代替し，小規模の風力発電，バイオガス，太陽熱のような再生可能エネルギーを取り入れれば，費用は節約でき，農業の持続可能性は向上するはずである．また，農業と併せて小規模の製造業やサービス業を発展させれば，農村地域における雇用の安定や収入源の多角化につながるはずである．[132]

## 3. 生物種及び生態系

第 5 章　政策の転換

　単純に人間中心的に考えても，生物種及び生態系の保護は重要である．生物種及び生態系は人間福祉の向上に多大な貢献をしているからである．人類が食糧，医薬品，工業原料などを手にすることができるのは，生物多様性が維持されているからである．このようなニーズは今後もさらに高まっていくであろう．[133]

　生物種の保護は経済的便益をもたらす．たとえば，メキシコの森林で発見されたトウモロコシの原種を商業種と交配すれば，自力で生えてくる新種のトウモロコシをつくることができる．この新種のトウモロコシが普及すれば，耕作及び植え付けにかかる手間や費用を省くことができる．野生種は医学や工業にも利益をもたらす．処方薬の多くは野生植物からつくられている．ゴム，油，樹脂，染料，殺虫剤なども，原料は野生植物である．野生植物の遺伝子は毎年数十億ドルを超える経済的利益をもたらしている．（蛇足になるが，ブルントラント報告書は生物多様性の美学的，倫理的，文化的，科学的価値を過小評価しているわけではない．同報告書が経済的価値を強調しているのは，経済的価値だけでも生物多様性及び生態系の保護の理由を十分説明できるという判断からである．）[134]

　生物多様性を維持するためには，気候，河川，土壌，繁殖地など生態系そのものを保護しなければならない．ところが，人間の活動によって生態系は破壊され，多くの種が絶滅に追い込まれている．たとえば，地球陸地面積の約 6％を占めている熱帯雨林地域は遺伝子多様性に最も富んでいる地域である．地球上の生物種の半分以上が熱帯雨林地域に棲息しているとも言われている．しかし，開発事業によって熱帯雨林は破壊されている．もしこのまま破壊が進み，公園や保護区に指定されているわずかな面積の熱帯雨林しか残らない場合，その過程で植物種の 66％，鳥類の 69％が絶滅することになる．それに，地球温暖化によって種の絶滅はよりいっそう加速化する可能性がある．[135]

　目下進行中の生物多様性の喪失は人間活動が主因である．熱帯雨林のほとんどは発展途上国に位置しているが，当地の政府は伐採権利使用料や地代及び税金の形で入ってくる収入を増やす目的で森林伐採を奨励している．長期間に渡って生産林地域を賃借する木材企業は，森林再生よりは利

潤追求を優先し，生態系を破壊している．さらに，当地の政府は熱帯雨林を放牧地として開発することも奨励しており，開発事業に対して補助金や税制上の優遇措置を施している．先進工業国にも責任がある．経済的という理由で，先進工業国は発展途上国から未加工の丸太を低関税で大量に輸入している．このような複数の要因が重なり，熱帯雨林の破壊は急速に進んでいる．[136]

　生物多様性及び生態系を維持するためには開発のあり方を変えなければならない．生態系破壊の社会的費用は開発の便益を上回る．開発はこのような社会的損失を防ぐ方向で行われなければならない．熱帯雨林は地球上で生物資源が最も豊富な地域である．ところが，当地の国々は，生態系保護に必要な資金，科学技術，制度上のノウハウが不足している．先進工業国は発展途上国に力を貸さなければならない．生物多様性や生態系は人類の共有財産であるからである．それに，先進工業国はこのような共有財産を利用し，すでに莫大な利益を得てきているからである．[137]

## 4．エネルギー

　言うまでもなく，エネルギーは持続可能な発展において欠かせない要素である．エネルギー源には，天然ガス，石油，石炭のように再生不可能なものと，風力，太陽光，バイオマス，地熱，潮力のように再生可能なものがある．これらのエネルギー源には，それぞれメリットとデメリットがある．持続可能な発展のためには，経済性だけでなく，効率性及び安全性の面でリスクの少ないエネルギー源を選ばなければならない．[138]

　エネルギーの消費パターンについては次の二つのシナリオが挙げられる．一つは高エネルギー社会というシナリオである．高エネルギー社会においては，エネルギー消費は年率約 4.1％ずつ増え続け，エネルギー設備投資の負担が倍増すると同時に，大気汚染や地球温暖化などの環境問題が悪化することになる．もう一つは低エネルギー社会というシナリオである．低エネルギー社会においては，エネルギー効率を向上させるための技術革新や産業構造の調整が行われ，より少ないエネルギーで必要なものが生産

できるようになる．このシナリオによると，省エネルギー対策だけで，先進工業国は一次エネルギーの消費を 50％以上減らすことができる．その分，発展途上国は，貧困克服のための経済成長に必要なエネルギー消費を 30％程度増やすことができるようになる．当然ながら，高エネルギー社会では環境及び健康上のリスクが高くなる．持続可能な発展のためには低エネルギー社会への方向転換が必要である．方向転換に必要な技術力はすでに備わっている．問われているのは政治的意志である．[139]

産業革命以来，エネルギーの主流を占めているのは，石炭，石油及び天然ガスといった化石燃料である．ところが，化石燃料の使用には二つの問題がある．一つは汚染という問題である．化石燃料を燃やすと，二酸化硫黄，窒素酸化物，一酸化炭素，揮発性有機化合物などの有害物質が排出される．特に，硫黄酸化物，窒素酸化物，揮発性炭化水素は大気中で硫黄，硝酸，アンモニウム塩，オゾンに変化し，雨，雲，霜，霧，露として地表に降り注ぐ．この酸性落下物は土壌と水を酸性化させ，森の死，魚類の減少など深刻な問題を引き起こす．これらの汚染物質は気流に乗って遠くまで広がり，その被害は国境を越えて広範囲に及ぶ．もう一つは地球温暖化という問題である．化石燃料は燃焼時に大量の二酸化炭素を排出する．大気中に過剰に蓄積された二酸化炭素は温室効果ガスとして働き，世界平均気温が上昇する地球温暖化が進行する．地球温暖化は気候変動を引き起こし，氷河の溶融，海面の上昇，降雨量の変化とともに，地球というシステムに異変をもたらす．気候変動による被害は取り返しのつかないものになりかねない．[140]

化石燃料の使用に伴う危険を回避するためには，化石燃料の使用を減らすしかない．その一つの対策として注目されているのは，原子力発電である．しかし，原子力発電には別の深刻な危険が伴う．原発の核燃料は核兵器の開発に転用される危険性がある．核エネルギーの使用は，名目の上では軍事利用と平和利用が区別されているが，核燃料サイクルを自由に扱える国にとって，このような区別はあまり意味がない．また，原発の運転コストは他の発電方法より安いと言われているが，必ずしもそうとは限らない．立地選定から建設までかかる期間と諸費用，燃料費，維持費，安全対

策費用，核廃棄物処理費用，事故処理費用，原子炉解体費用などをすべて含めると，原子力は決して安いエネルギーではない．それに，確率は低いとはいえ，原発事故による放射性汚染の可能性も排除できない．我々はすでにスリーマイル島原発事故やチェルノブイリ原発事故を経験している[141]．何より，使用済み核燃料など，極めて有毒な核廃棄物を安全に処理できる技術は未だに確立されていない．[142]

このようなリスクがあるため，化石燃料及び核エネルギーは持続可能な発展に相応しいエネルギーとはいえない．持続可能な発展のエネルギー戦略においては，再生可能エネルギー及び省エネルギーに重点が置かれるべきである．理論上，世界のエネルギー需要は再生可能エネルギーだけで賄える．政府は再生可能エネルギーの開発と普及に優先的に資金を投入すべきである．勿論，再生可能エネルギーの使用にもリスクは伴う．たとえば，風力発電による騒音，景観の破壊，野鳥への被害などがそれである．しかし，このようなリスクは，化石燃料や原子力の使用に伴うリスクほど深刻なものではない．省エネルギー対策も重要である．新しい発電所の建設よりは徹底した省エネルギー対策の方が費用対効果の面で経済的である．必要な技術はすでに備わっている．政治的意志さえあれば，持続可能なエネルギー社会への方向転換は十分可能である．[143]

## 5．工業

工業は人類の基本的ニーズの充足に大いに貢献している．先進国であれ発展途上国であれ，我々の生活は様々な工業製品によって支えられている．農業さえも，工業によって生産された化学品や機械によって支えられている．先進工業国に見られる脱工業化も，工業化があって起こる現象である．その一方で，工業は公害の主因でもある．先進工業国では汚染対策が取られ，工業による環境汚染は改善されてはいる．しかし，公害のメカニズムはさらに複雑化しており，汚染の範囲及び影響も国境を越えてグローバル化している．[144]

1970年代までは，「汚染防止のための規制は企業の競争力を低下させ，

第 5 章　政策の転換

経済に悪影響を及ぼす」という考え方が一般的であった．しかし，状況は変わった．先進工業国の事例が証明しているとおり，環境規制は技術革新を引き起こし，新たな経済成長の原動力にもなっている．それによって新しい産業や雇用も生み出されている．さらに，技術革新を成し遂げた企業は，国内的にも国際的にも強い競争力を持つようになった．汚染防止によって得られる健康及び環境上の便益までを入れると，環境対策の経済的価値はさらに大きくなる．[145]

これからの工業は持続可能な工業に生まれ変わらなければならない．持続可能な工業とは，資源消費の面で効率性が高く，再生不可能な資源の代わりに再生可能な資源を使い，廃棄物の排出や健康及び環境への悪影響が少ない工業を指す．持続可能な工業への転換のためには政府や産業界も変わらなければならない．当面の課題として，とりわけ次のような課題に取り組む必要がある．[146]

第1に，大気汚染，水汚染，廃棄物管理，健康，安全，エネルギー効率，資源効率，有害物質に関する明確な基準が必要である．基準設定においては，中央政府より厳しい基準を設けることができるように，地方政府の権限を強化すべきである．また，越境汚染防止やその被害に対する賠償及び補償を行う責任についても制度化が必要である．[147]

第2に，汚染者負担原則（Polluter Pays Principle，又はPPP）を普及すべきである．汚染の費用を汚染者に払わせることになれば，企業は汚染を回避しようとし，汚染の予防に積極的に取り組まざるを得なくなる．また，価格に環境的価値を反映させることや，課税などの経済的手法を導入することも，汚染防止に有効である．これらの対策は資源の再利用及び効率性の向上にも効果がある．[148]

第3に，環境に重大な影響を与える事業に対しては，環境影響評価（環境アセスメント）を実施しなければならない．環境影響評価は，マクロ経済，財政，部門別政策の各段階において幅広く行われなければならない．制度インフラが脆弱な発展途上国では，まず環境影響評価の専門家を養成するとともに，客観的な評価体制を整えておく必要がある．独立的で国際的な評価機関を創設することも重要な課題の一つである．[149]

第4に，産業界の自主的努力と，それを促すインセンティブの導入も重要である．産業界は社会的責任を自覚し，工業生産による環境破壊の予防及び危険対処能力を養わなければならない．産業団体や労働組合も，資源及び環境に関するマネジメント計画を作成しなければならない．なお，環境マネジメント能力に欠けている中小企業に対する支援策も必要である[150].

第5に，発展途上国では，高度汚染型又は資源依存型の工業部門が急速に成長している．その一方で，発展途上国は環境保護や資源管理のための財源や能力が十分ではない．この問題に対しては，発展途上国に進出している企業が責任を果たさなければならない．たとえば，発展途上国で生産を行っているグローバル企業は，自社工場に対して最も厳しい環境基準を課している国の基準と同等の基準を，他の国・地域にある自社工場にも適用すべきである．[151]

## 6. 都市

1987年現在，世界人口の三分の一以上は都市に住んでいる．農村地域においても工業及びサービス業が発達し，農村の都市化が進みつつある．その一方で，都市は多くの問題を抱えている．都市問題の解決がなければ持続可能な発展は期待できない．[152]

特に発展途上国の都市問題は深刻である．発展途上国の都市は，急増する人口に対応する能力に欠けている．きれいな水，衛生，学校，交通など，市民の快適な生活を支える基本的インフラが十分に整っていない．その上，都市への人口集中による過密化が進み，スラム街の拡大や衛生状態の悪化が問題となっている．非衛生的な生活環境に起因する疾病も蔓延している．特に，急性呼吸器系疾患，結核，腸内寄生虫，下痢，肝炎，チフスなどは，子供の死亡率を高める主因となっている．都市には工業施設も集中しており，大気汚染，水質汚濁，土壌汚染といった公害問題も深刻である．乱開発によって，農地，郊外の自然，レクリエーションの場なども急速になくなっている．さらに，国際経済の不安定に伴う失業や収入の減少も深刻な問題となっている．[153]

# 第5章 政策の転換

　一方，先進国の都市は，インフラの老朽化，環境悪化，都心の衰退，地域社会の崩壊，失業，貧困といった問題を抱えている．しかし，発展途上国の都市とは違って，先進国都市は問題解決に必要な手段やノウハウを持っている．先進国都市ではゴミ収集サービスが実施され，環境規制によって大気汚染も改善されつつある．新車に対する排ガス規制，無鉛ガソリンの普及，燃費の改善などの対策も導入され，自動車交通に起因する公害は改善されつつある．また，市民は都市計画への参画や市民運動などを通じて政府に都市問題の解決を要求している．[154]

　というわけで，都市問題の解決のためには，とりわけ次のような課題に取り組む必要がある．第1に，発展途上国ではいくつかの大都市だけが異常に成長している．このような現象は健全とはいえない．それは地域間の格差が広がることを意味するからである．それなのに，発展途上国の政府は公共サービスの提供やインフラ整備の面で農村より都市を優先している．このような政策によって，都市への人口集中はさらに加速している．都市への過度な人口集中を防ぐためには地方活性化政策が必要である．[155]

　第2に，発展途上国の地方政府は，政治，行政，政策，財源の面で問題解決能力が不足している．それゆえ，地方政府は問題解決に失敗することが多い．その結果，問題解決の主導権は中央政府の方に集中し，地方政府の問題解決能力はさらに衰えていく．地方政府の能力を強化しない限り，このような悪循環を断ち切ることは不可能である．[156]

　第3に，都市問題の解決には地域コミュニティとの協働が重要である．コミュニティを中心に活動する小規模事業者への貸し付けや地区改善組合の組織など，地方政府は都市の非公式部門の活動を積極的に支援する必要がある．また，住民との協働で都市農業の普及やリサイクルなどを進め，スラム街のゴミ問題，衛生問題，健康問題の改善に取り組む必要がある．これらの事業は新しい雇用も生み出す．このような対策を実施するに当たっては，地域コミュニティの人的資源を活用することが重要である．[157]

　最後に，このような問題は発展途上国一般に見られる問題である．これらの問題を解決するためには，政策手段に関する知識や，政策を立案し運用できる能力の向上が欠かせない．このような課題の解決には，先進国の

経験やノウハウが役に立つ．また，同じ問題を抱えている発展途上国同士の情報及び経験の共有も重要である．[158]

# 第5章　政策の転換

# 第6章　コモンズの管理

## 1. 共有地の悲劇

　すべての人が自由に利用できる牧草地があるとしよう．その共有地では，牧夫たちがそれぞれ，可能なかぎり多くの牛を飼おうとするのが当然だと考えられる．こういうやり方は何世紀にもわたって十分合理的に機能するかもしれない．というのは，部族間の争い，密猟，病気などによって，人口も，動物の数も，土地の収容力を超えない範囲にうまく抑えられるからである．しかし，最後には決算の時がやってくる．すなわち，社会的安定性という長きにわたって待ち望まれていた目標が現実になる時である．このとき，共有地に固有の論理が無慈悲に悲劇を生み出すのである．

　牧夫たちはめいめい、合理的計算をする者として，自分の獲得するものを最大限にしようとする．あからさまにであれ，こっそりとであれ，多少とも意識的に，それぞれの牧夫は「自分の牛の群れにもう1頭加えたとしたら，自分にはどういう効用があるだろうか」と問う．（中略）牛1頭を追加した牧夫はそれを売ることで得られる収益の全部を受け取るので効用はおよそ＋1である．（中略）ところが，過放牧の影響はすべての牧夫によって分担されるので，牛1頭を追加した牧夫1人にとっての否定的な効用は牧夫全員の数で割ったものに過ぎない．合理的計算をする牧夫は，効用のそれぞれの要素を合計して，自分が追求して意味ある唯一の方針は牛を1頭追加することだと判断する．そしてさらに同じ判断が繰り返される．

　しかし，この判断は，共有地を利用する牧夫の誰もがそれぞれ，合理的な計算をする者として下す判断である．そこに悲劇があるのである．それぞれの牧夫は自分の牛の数を制限することなく増やさざるをえないシステムに閉じ込められているが，実はその世界は有限の世界なのである．共有地の自由が信じられている社会ではすべての人々は自分の最大利益を追求するのであるが，その行き着く先が破滅なのである．共有地の自由は全員に破滅をもたらすのである．[159]

これは，G. ハーディン（Hardin）の共有地の悲劇という有名な比喩である．この比喩を通じてハーディンは，近視眼的利己主義やただ乗りとしての自由によって人類は破滅する恐れがある，と警告している．言うまでもなく，地球は人類にとって共有地である．共有地としての地球は合理的に管理されなければならない．さもないと，有限な地球は荒廃しかねない．その結末は破滅という悲劇なのである．

ブルントラント報告書の後半は，地球という共有地の管理に関する政策提言に割愛されている．前章同様，以下においては関連内容を要約することを通じて，政策提言の要旨を明らかにする．

## 2. 人類の共有財産

地球上には，海洋，宇宙空間，南極のように，国家の主権や司法権が及ばない領域が多く存在する．これらは人類の共有財産，すなわち共有地という意味のコモンズ（commons）である．このコモンズを持続的に利用するためには，公平で拘束力のある国際的な管理体制が必要である[160]．

第1に，地球表面の70%を覆っている海は，人類の経済，社会，文化に関わる諸活動の源であり，沿岸，川，大気から流れてくる廃棄物を最終的に処理する吸収源でもある．各国の排他的経済水域は，その国の司法権によって守られ，管理されている．その一方で，特定の国の主権が及ばない公海は，国際的協力体制がなければ保護・管理することができない．幸いにも，いくつかの事例はコモンズ管理の可能性を示している．[161]

たとえば，1982年に下された国際捕鯨委員会（International Whaling Commission, 又はIWC）による捕鯨停止の決定は，海洋資源の共同管理の可能性を示した好例といえる．同委員会には非捕鯨国が多数を占めていた．それに，米国は海洋保全条約を守らない国とは漁業契約を結ばないという法律を成立させ，鯨の保護に積極的な姿勢を示した．旧ソ連と日本は捕鯨停止に反対していたが，その後反対の立場を撤回した．ただし，学術目的の捕鯨や少数民族による捕鯨は認められた．[162]

国連環境計画（United Nations Environment Programme, 又は

UNEP) による地域海計画 (Regional Seas Programme) も成功例の一つである．同計画には 11 地域海に接している 130 カ国の政府と，14 もの国連機関及び 40 以上の多国間組織が参加し，資源保全と環境保護に取り組んだ．UNEP は同計画に資金と情報を提供し，実際の事業は参加国の政府及び参加団体によって実施された．活動を通じて課題も明らかになった．たとえば，地域海の主な汚染源はそれに面した国々における経済活動である．地域海を保護するためにはそれらの国の経済活動を規制しなければならないが，主権の侵害という問題もあり，合意形成は容易ではなかった．[163]

廃棄物海洋投棄規制に関する条約 (London Dumping Convention) も国際協力によるコモンズ管理の可能性を示した事例である．1972 年 11 月に締結されたこの条約によって，高レベル放射性廃棄物の海洋投棄が停止となった．1983 年には低レベル放射性廃棄物の投棄も停止となり，さらに 1985 年には，投棄停止を無期限にすることが決まった．その翌年の締約国会議では，濃度の高低を問わず，放射性廃棄物の海洋投棄は差し控えるべき，という勧告が出された．[164]

国連海洋法条約 (United Nations Convention on the Law of the Sea, 又は UNCLOS) も，コモンズ管理体制の一例といえる．1982 年に採択されたこの条約によって，沿岸国は 12 海里以内の領海，海底及び海上に対して主権の行使ができるようになった．さらに，200 海里までは排他的経済水域として認められるようになった．その結果，海洋面積の 35％に当たる海域において国家間係争の原因が取り除かれた．同条約には，生物資源を濫獲から保護しなければならないという条文も盛り込まれ，各政府は対策を講じなければならなくなった．また，国家主権の及ばない公海の資源は人類共有財産と見なすという旨も条約に明記された．[165]

第 2 に，宇宙空間も人類の共有財産であり，国際的な協力体制による管理が必要である．宇宙の共同管理は 1967 年に締結された宇宙条約 (Outer Space Treaty) の精神に基づいて行われている．この条約によると，月及びその他の天体を含む宇宙空間に対しては，地球上の特定の国家が主権を宣言したり占領を強行したりしてはならない．これは，コモンズとしての

宇宙空間を共同管理する上で，最も重要な基本原則である．[166]

しかし，現実的には課題も多い．たとえば，宇宙空間の人工衛星は，大気中の二酸化炭素の濃度，オゾン層の状態，酸化降下物の成分，熱帯雨林の状態，火山性ガスの影響，干ばつの仕組みなど，人類の生存に関わるデータを収集している．ところが，このような情報はそれを収集した複数の国に分散されているため，効率的に活用されているとはいえない状況である．このような問題を解決するため，UNEP は地球環境モニタリングシステムの構築を提案した．[167]

人工衛星の軌道の管理も重要な課題である．たとえば，赤道上空の静止衛星軌道帯は経済的価値の最も高い軌道である．しかし，人工衛星間の信号の干渉を防ぐために，この軌道帯に載せられる人工衛星の数は 180 基までと限定されている．この静止衛生軌道帯をめぐって，先進国と発展途上国が対立している．先進国はさらに多くの人工衛星をその軌道上に乗せようとする一方，その軌道帯の真下に位置する発展途上国は，静止衛星軌道帯の所有権を主張している．これに反発する先進国は，発展途上国の主張は宇宙空間の非専有を定めた宇宙条約に反すると批判している．[168]

宇宙空間の汚染も大きな問題である．地上 160 キロから 1,760 キロまでの空間には，ロケット発射や宇宙兵器の実験による破片，故障した人工衛星，無断廃棄された燃料タンクなどが宇宙ゴミとなって浮遊している．宇宙ゴミは事故の原因にもなるので，回収に関する何らかの規制が必要である．しかし，宇宙ゴミの除去には莫大な費用が掛かるため，合意形成は容易ではない．[169]

宇宙空間は原子力の使用に伴う危険に対しても無防備である．原子力で動いている宇宙船が地上に落下する事故でも発生すれば，その地域は取り返しのつかない被害を受けることになる．根本的な対策は宇宙空間における原子力の使用を禁止することである．他の対策としては，原子炉の大きさの制限，宇宙船胴体の熱遮断構造の強化，放射性物質に汚染された宇宙船を地球から遠く離れた宇宙に廃棄することなどが考えられる．その一方で，宇宙空間に対する規制を導入する際には，その規制の導入が遅すぎないように注意しなければならない．また，逆に早すぎて，これから行わな

ければならない活動を規制することにならないように配慮する必要もある．この点からして，月面での活動に対する規制はまだ時期尚早である．しかし，軌道空間における破片や放射性物質に対する規制はすでに遅れている．[170]

第3に，南極大陸も人類の大切な共有財産である．南極大陸に関しては，1959年12月に南極条約（Antarctic Treaty）が締結された．同条約は南極大陸における自由な科学研究とそのための国際協力を保障する一方，軍事活動，兵器実験，核爆発，放射性物質の廃棄は禁止している．南極条約はすべての国連加盟国に開放されている．しかし，条約の協議国になるためには，南極で実際に研究活動を行い，国として南極に関心を持っていることを示す必要がある．科学技術力や経済力の観点からすると，このような条件は発展途上国には厳しい制約と言わざるを得ない．公平性を高めるためには，南極での共同研究，施設の共同利用，基金の設立などを通じて，発展途上国も容易に参加できるように支援しなければならない．[171]

南極大陸には手付かずの豊富な資源がある．しかし，南極大陸を開発することは経済的に合理的とはいえない．他の大陸と違って，南極大陸の開発には莫大な費用がかかる．さらに，他の大陸にはまだ十分な資源が残っているからである．何より，南極開発は地球環境問題を引き起こしかねない．したがって，環境への悪影響はないという確信が得られるまで，南極における開発事業は進めるべきではない．いずれ南極を開発することになったとしても，その際には環境保護を最優先しなければならない．また，開発から得られる便益は公平に分かち合わなければならない．[172]

南極大陸の資源を略奪する行為は認めるべきではない．南極大陸は国際協力と環境保護のシンボルとして保全すべきである．そのための唯一の方法は，前述したような課題について国際的合意を形成し，合理的な管理体制を整えることである．そのためには，各国の政府，国際機関，産業団体，公益団体，専門家集団の間で合意形成を図ることが重要である．このような活動を担う公式機関を創設することも必要である．[173]

## 3. 平和と安全

第6章　コモンズの管理

　平和及び安全と持続可能な発展との間には複雑な相互関係が存在する．たとえば，1970年代にエチオピアやハイチで発生した紛争は大量の難民を生み出した．その根本的原因は長年にわたる土地の酷使や資源の濫用及び減少がもたらした持続可能性の悪化であった．そうして発生した紛争によって，その地域の持続可能性の基盤はさらに破壊された．他方，社会の中の不平等や差別も平和と安全を脅かし，持続可能な発展を妨げる．たとえば，黒人住民が人口の72%を占めている南アフリカでは黒人所有の土地が全体の14%しかなく，黒人は差別や貧困の状態で暮らしていた．このような不平等や差別は社会の安定を損なうだけでなく，差別される側の潜在能力開発の機会を奪い，その結果，社会全体の発展を妨げる．このような状況下では，持続可能な発展は期待できない．[174]

　それに，安全保障上の不安は軍拡競争を煽る．実際に地球上のほとんどの国は武器の生産や輸入に莫大な予算を使っている．武器文化（arms culture）ともいえるこのような傾向は軍産複合体の強力な既得権によって再生産されている．世界の軍事支出は，世界人口の半数を占める貧しい人々の収入総額よりも多い．その6割は先進国によるものである．発展途上国も例外ではない．武器購入は発展途上国の輸入費の中で大きな比重を占めている．海外からの援助費の半分以上も武器の購入に使われている．武器貿易による利益の4分の3は発展途上国への売却によるものと言われている．機械部品，燃料，技術など，武器以外の軍事用物品も輸入に依存している．このような軍拡競争は持続可能な発展を妨げる．本来ならば環境保護と貧困撲滅に使われるべき貴重な資源が，軍事目的の生産や購入に使われてしまうからである．[175]

　武器文化が支配的になればなるほど，紛争当事者は非軍事的な手段ではなく軍事的な手段による決着を選択する可能性が高くなる．最も恐ろしいのは，核戦争とそれに伴う核の冬である．核の冬とは核爆発による噴煙や塵に太陽熱が吸収され，長期間にわたって地上が冷やされる現象を指す．核の冬は生態系や食糧生産に打撃を与え，その連鎖反応で計り知れない被害がもたらされる．被害の恐ろしさからすれば，化学・生物兵器も非常に危険である．[176]

持続可能な発展の政治学

　平和と安全保障上の危機は持続可能な発展の可能性が失われることによって生じる現象であると同時に，それ自体，持続可能な発展を妨げる原因でもある．したがって，平和と安全保障上の危機を予防することは，その地域における持続可能な発展にとって，とても重要な課題である．各国の政府は，資源及び環境面での失敗が平和及び安全保障上の不利益をもたらすという事実に気づかなければならない．国連を含む国際機関や国家間組織は，このような失敗に対する早期警報体制を整えておく必要がある．[177]

### 4. 管理体制の刷新

　コモンズの管理に取り組むためには，従来の組織及び管理体制を改革しなければならない．持続可能な発展に関わるほとんどの課題には，複数の要因が部門横断的に複雑に絡み合っているという特徴がある．ところが，このような課題に取り組むための組織及び管理体制は分野ごとに細分化され，互いに断絶されている．持続可能な発展のためには，このような現状を改革しなければならない．[178]

　一般的に，経済政策に携わっている省庁は，投資，生産，雇用の増大を優先的な目標と考え，資源的・環境的基盤の維持については積極的に取り組んでは来なかった．一方，資源保全，環境保護，安全又は健康問題を担当している省庁は，経済や産業政策を担っている省庁に匹敵するほどの力を持ってはいない．このような状況だと，環境問題の発生を事前に防止することは不可能である．持続可能な発展が成功するためには，経済に関する政策立案の初期段階において環境的持続可能性に関する検討が行われなければならない．さらに，環境的持続可能性についての検討は，経済や産業に関する政策と同等の重みを持って行われるべきである．外交，通商，援助など，政府の他の政策に対しても同じことがいえる．[179]

　各国は環境保全及び資源管理を担当している政府機関の機能を強化しなければならない．このような機関を持っていない国は，至急それを創設すべきである．このような機関をすでに有している国は，その機関の権限をさらに強化し，自国の経済部門のみならず発展途上国に対しても適切な

助言が行える体制を整えるべきである．国際的には UNEP の機能を強化する必要がある．特に，他の国際機関に対する影響力，資源及び環境の状況に関するモニタリング，環境評価基準の開発，国際条約及び国際的協力体制の産婆役といった機能の強化が求められている．国連事務総長の持続可能な発展に関する責任と権限も強化されるべきである．[180]

地球的規模のリスクを評価するシステムの整備も必要である．リスク評価の技術的能力は高まりつつあるが，自然災害，人為災害，その他の地球環境問題に伴うリスクも増大しつつある．このような問題に対応するためには，リスクを予測しその原因と影響を分析できる国際的な専門機関が必要である．実現性の高い対策としては，世界各地ですでに活躍しているNGO や，国際機関，科学機関，産業団体などを繋げ，リスク評価の国際的ネットワークを形成することが考えられる．[181]

持続可能な発展は様々なアクターの参加があって初めて実現可能になる．たとえば，科学コミュニティはリスクのメカニズムを科学的に明らかにすることができる．NGO は人々の環境意識を高める活動や政府の対応を促す実践的行動に長けている．実際に，NGO は国連などの国際機関の事業に積極的に関わっている．このようなNGOの活動を支援することは，費用対効果の高い対策になる．産業界は，資源管理，環境保護，安全に関する基準作成，マネジメント方針の刷新などを通じて，持続可能な発展に貢献することができる．発展途上国やNGOを支援することも，産業界ならではの重要な貢献になる．[182]

# 第 7 章　政策統合という課題

## 1. 持続可能性政策統合の全体像

　持続可能な発展を実現するためには主要政策の目標の中に持続可能な発展に関する目標を統合しなければならない．ブルントラント報告書はその必要性について次のように述べている．

> 持続可能な発展という目標は，経済政策・計画のみならず，重要な産業部門と外交政策を所管する行政・立法府の各種委員会の付託事項の中に組み入れられるべきである．さらにその延長として，経済・産業部門を所管する政府組織は，その政策，計画，予算が，経済的のみならず，生態学的にも持続可能な発展を推進することを確保することについて直接的な責任を負うべきである．[183]

　このような政策統合に重点が置かれるようになったのは，1970 年代の環境政策に対する反省からである．この時期において，環境問題は専門分野ごとに細分化された行政組織が事後的で技術的な対策をもって対応すれば解決できるものと考えられていた．しかし，このような後始末型の対策だけでは，同じ問題が場所と形を変えて繰り返されるだけであった．このような失敗の経験から，環境的関心を他の政策の目標に組み入れることの重要性に注目が集まるようになったのである．ブルントラント報告書において経済部門への環境的関心の統合が強調されているのも，このような文脈で理解することができる．このような政策統合の考え方を環境政治学では環境政策統合（environmental policy integration，又は EPI）と呼ぶ．[184]

　EPI は持続可能な発展の本質的要素である．しかし，持続可能な発展に必要な政策統合は EPI だけではない．第 1 章で見たとおり，持続可能な発展は，貧困撲滅のための経済発展，環境的持続可能性，社会的公平性といった三つの目標を統合的に実現することを意味するからである．このよ

うに考えた場合，持続可能な発展のためには，図表3のように少なくとも三つの次元における政策統合，すなわち「経済的目標 (A) と環境的目標 (B) の統合」，「環境的目標 (B) と社会的公平性 (C) の統合」，そして，「経済的目標 (A) と社会的公平性 (C) の統合」が必要となる．しかも，この多次元的な政策統合は断片的又は断続的に (piecemeal) 行われてはならず，有機的に (organically) 全体論的に (holistically) 進められなければならない．このような政策統合を，本書では持続可能な発展のための政策統合という意味で，持続可能性政策統合 (sustainability policy integration，又は SPI) と呼ぶことにしたい．至難の業ではあるが，持続可能な発展はこのような SPI に基礎を置かなければならない．

図表 3　持続可能性政策統合 (SPI) [185]

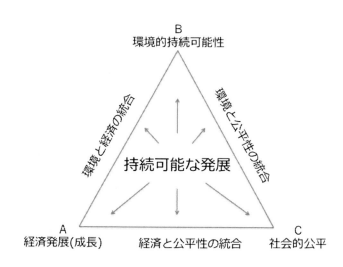

## 2. 経済的目標と環境的目標の統合

経済的目標と環境的目標の統合については，すでに EPI という概念が広く使われている．EPI とは，環境的関心を環境政策以外の政策分野の目

標に組み入れ，政策立案のあらゆる段階において，環境的持続可能性という目標を政策評価の基準とすることを意味する[186]．たとえば，気候変動を防止するためには化石燃料の使用に伴って排出される二酸化炭素の排出量を減らさなければならない．つまり，化石燃料に依存しているエネルギー・経済の構造を変えない限り，気候変動問題は解決できないのである．したがって，気候変動問題を解決するためには，気候変動防止という環境的目標をエネルギー・経済政策の目標に組み入れなければならない．この意味において，1990年代以来欧州連合（European Union，又はEU）が推し進めている低炭素経済への移行はEPIの典型例といえる．

　理論的に，EPIには垂直的EPIと水平的EPIがある．前者は，たとえば経産省や国土交通省のような政府機関が，個別に，自省の政策目標の中に環境政策の目標を統合することを指す．他方，後者は，政府のすべての省庁を水平的に横断する形でEPIが行われることを意味する．たとえば，中央政府又はそれに準ずる権威体がEPIを計画し，政府の各省庁にEPIの責任が割り当てられる場合，それは水平的EPIと呼べる．次章のテーマでもあるが，2002年に策定されたドイツ連邦政府の持続可能な発展戦略は後者の水平的EPIに近いものといえる．このようなEPIは事後的ではなく予防的に環境問題に対応するための手段である．この意味において，持続可能な発展はEPIなくしては成り立たない．[187]

　EPIが実施されれば，省庁横断的な政策協議が活性化され，持続可能な発展に関する政策の一貫性も強化されることになる．その結果，政策遂行においても，より円滑で効率的なパフォーマンスが期待できるようになる[188]．その一方で，一般的に産業界はEPIに懸念を抱いている．特に，政府や労働組合による市場への介入を望ましくないと考える政治文化が強い国であるほど，EPIには消極的になる傾向がある．たとえば，米国が京都議定書から脱退したのは，気候変動防止という目標を経済に統合することに対するイデオロギー的な拒否感からでもあった．

　しかし，このような産業界の懸念はイデオロギー的に誇張されたものといえる．産業界の懸念を払拭させるような事例も少なくないからである．たとえば，ドイツ政府は気候変動政策とエネルギー政策の統合によって経

済がさらに活性化すると期待している．二酸化炭素排出量を減らすためには化石燃料から再生可能エネルギー及び省エネルギーの方にエネルギー政策の方向を変えなければならないが，このような政策転換は関連産業の発展を刺激し，技術革新による競争力の強化や雇用の創出といった経済効果をもたらすからである．このような考え方は，ヨーロッパの先進工業国ではエコロジー的近代化（ecological modernization）と呼ばれ，環境政策及び経済政策の新しいパラダイムとして定着されている．一般的に，エコロジー的近代化は持続可能な発展の先進工業国版とされ，持続可能な発展という概念とともに持続可能性（sustainability）言説として分類される．米国のように経済に対する政府の介入を嫌う政治文化の国でも，グリーン・ニューディール（the Green New Deal），すなわち政府が環境産業の成長を誘導することによって景気全般を浮揚させようとする試みが注目を集めている．[189]

　EPIは単なる机上の空論ではない．EUの場合，EPIはすでに実行の段階に入っている．EUの1997年アムステルダム条約（Amsterdam Treaty）には「環境保護は他の政策の決定及び遂行過程に統合されなければならない」という方針が明記されている．このEPI原則は，1998年にカーディフ（Cardiff）で開かれた欧州理事会（European Council）でも再確認された．このような一連の過程を通じて，EPIはEUにおける優先的な政策目標となった[190]．その後，ヨーロッパではエネルギー，交通，農業，地域開発などの政策に環境政策の目標を統合する動きが広がった．ドイツではEPIを重点課題とする国家戦略が策定された．ベルギーではすべての省に持続可能な発展に関する部局が設置された．環境省の機能と他の省の機能を統合する試みも現れた．代表例としては，ポルトガルの「環境及び土地利用省」，イギリスの「環境，食糧及び地域省」，ポーランドの「環境保護，天然資源及び森林省」，スウェーデンの「持続可能な発展省」が挙げられる．さらに，EUレベルでは農業，交通，エネルギー分野を中心に，環境に悪影響を及ぼしうる事業への補助金を見直す動きが広がった．エネルギー部門における気候変動対策として，総排出量の上限を定めた上で排出権を取引させる制度（cap-and-trade emissions trading system）も導入

された.[191]

　しかし，EPIへの道は決して平坦ではない．先駆的といえるEUでさえ，EPIは思う通りには進んでいない．政治的連合体とはいえ，EUには加盟国の主要政策に直接介入できる十分な権限も実行手段もない．EU議会はEPIに部分的にしか関与していないし，行政機関に当たるEU委員会はEPIに関する政策審議を行う程度の役割しかできない状況である．それに，EUにおいても分節的で縦割り的な行政という障害は依然として残っている．各加盟国の政府レベルにおいても，縦割り行政や省庁間の利害対立によってEPIが妨げられている．EPIは優先的な政治的課題として認識されてはいるものの，力の強い省庁がそれを拒否したり，中身を骨抜きしたりする可能性は否めない．EPIが実を結ぶためには，こうした課題が解決されなければならない.[192]

　経済的目標と環境的目標を統合することは，経済の質を環境に優しいものに変えていくことを意味する．この点からして，持続可能な発展における環境と経済の統合という考え方は単なる折衷主義的な調和論とは異なるものである．折衷主義的調和論は「経済成長の妨げにならない限りにおいて環境に配慮する」という考え方である．しかし，持続可能な発展における環境と経済の統合とは「環境に害を与えない経済への移行」を意味する．この二つを混同してはならない．

　環境と経済の統合に関する考え方の中で最も急進的なのは生態学的経済学の考え方である．たとえばH. E. デイリー（Daly）は「経済成長こそ不経済である」と喝破した．地球生態系の扶養力を無視した経済成長は，資源の枯渇，環境の汚染，生態系の破壊，戦争など，取り返しのつかない損失をもたらすからである．彼によると，持続可能な発展に相応しい経済は定常経済（steady-state economy）であるという．定常経済においては，資源及びエネルギーの消費量は地球扶養力の限度を超えない一定の範囲内で維持され，その中で生活の質を改善するためのイノベーションが絶えず行われる．彼に言わせれば，「量的には成長しないが，質的には発展し続ける経済」こそ真の意味での持続可能な経済なのである．このような考え方からすれば，環境産業を経済成長の動力と捉えるエコロジー的近代化

やグリーン・ニューディールのような考え方は，エコロジー色の薄い改良主義的な話にしかならない．[193]

## 3. 環境的目標と社会的公平性の統合

　さらに，持続可能な発展のためには，環境的目標と社会的公平性の関係を統合的に捉える必要がある．環境的目標と社会的公平性は，少なくとも五つの次元で密接に繋がっている．[194]

　第1に，ブルントラント報告書にもあるように，持続可能な発展は未来世代の基本的ニーズの充足を損なわない発展である．現世代は自分たちの基本的ニーズを充たすために資源を使い，開発を行っている．しかし，その過程で資源が浪費され，生態系が破壊されれば，未来世代の基本的ニーズは充足できなくなる．これは不公平なことであり，倫理的にも問題がある．したがって，持続可能な発展は基本的ニーズにおける世代間の公平を損なわない発展でなければならない．

　第2に，環境的目標と社会的公平性は地理的な次元においても密接に結び付いている．たとえば，上流で汚染された水によって下流の住民が被害を被ることは地理的な観点からして不公平なことである．また，工場から排出された有害物質によって地域住民の健康が害されることや，発電所から出る温排水によって河川や海の生態系が乱され，漁民が被害を被ることも不公平なことである．このような問題は国家間又は大陸間においても存在する．たとえば，化石燃料の消費はローカルな活動として行われるが，二酸化炭素の排出による地球温暖化はグローバルな問題として現れる．持続可能な発展はこのような不公平を引き起こさない発展でなければならない．そのためには，地域の問題はその地域で解決することと，それを他の地域に転嫁しないことが求められる．[195]

　第3に，持続可能な発展のためにはリスクの分配及び政治参加の面での公平性が確保されなければならない．環境問題による被害は，社会的，経済的，政治的弱者に集中する傾向がある．同じ地域で汚染が繰り返し発生する理由は，その地域の住民が貧しくて，汚染企業に対して抗議できる政

治的力を持っていないからでもある．また，森林破壊に歯止めがかからないのは，現地の政府や住民が貧困のゆえに森林破壊を容認せざるをえないからでもある[196]．このような問題は，経済的，社会的，政治的不公平を是正することによって改善することができる．そのためにはまず，リスクの分配やその決定過程への参加における不公平を是正しなければならない．

　第4に，環境的持続可能性という考え方は資源へのアクセス及び消費における公平性とも密接な関係を持っている．たとえば，人類共有財産である天然資源や遺伝子資源などの利用において，技術力を持っている先進工業国は常に勝ち組としての便益を享受してきた．その反面，資源枯渇や環境悪化といった負の影響は，先進工業国よりは発展途上国の方がより多く被っている[197]．たとえば，地球温暖化の原因となる二酸化炭素は，産業革命の時から先進工業国が大量に使ってきた化石燃料から排出されたものである．ところが，地球温暖化による気候変動に最も脆弱なのは，一人当たり温室効果ガス排出量が少ない発展途上国の人々である．持続可能な発展のためには，このような不公平を是正する必要がある．

　第5に，環境的持続可能性と公平性の関係は人間と人間以外の存在との間における公平性にまで拡張して考えることができる．エコロジストに言わせれば，人間は生態系の支配者ではなく，人間以外の存在と同等な存在に過ぎない．しかし，大半の人間は，人間以外の存在にも固有の価値があるということを認めようとはせず，人間以外の存在を単なる人間の福祉のための手段としか考えていない．これは間違いであり，不公平な考え方である．エコロジストに言わせれば，人間は自分たちが生態系という大きなネットワークの中の一つの構成員であることを自覚し，生態系を破壊することなく，生態系との調和の中で生きていかなければならない．このようなエコロジー的公平性の感覚も環境的持続可能性の維持には欠かせない[198]．

　以上のような観点はブルントラント報告書の中にも散見できる．前述したとおり，同報告書は持続可能な発展を世代間公平の観点に基づいて定義している．また，世代内における公平性も重視され，資源へのアクセス，リスクの分配，越境汚染に関わる公平性についても言及されている．その

# 第 7 章 政策統合という課題

一方で,エコロジー的公平性,すなわち人間と人間以外の存在との間における公正性について,ブルントラント報告書は明確な立場を表明してはいない.しかし,同報告書の次のような一節を見る限り,同報告書が人間以外の存在に内在する固有の価値を真っ向から否定しているわけではないということがよく分かる.

> 種の保護は経済的観点からのみでは評価できない.美的,倫理的,文化的,科学的観点も,種の保護を正当化できる十分すぎるほどの根拠となる.しかし,金銭的な価値を重視する人にしてみれば,種の遺伝子の中に備わっている経済的価値だけで,種の保護は十分正当化できる.[199]

一方,資源へのアクセス及び消費における公平性の問題は,先進工業国と発展途上国が対立しているイシューでもある.発展途上国に言わせれば,特に地球環境問題のような問題は産業革命以来の先進工業国の工業化過程に起因するものであって,環境保護を理由に発展途上国に規制を課することは,発展途上国の発展の機会を制限する不公平な措置である.このような不満はすでに 1972 年のストックホルム会議で表面化し,南北問題として知られている.1987 年のブルントラント報告書は,発展途上国のこのような立場に理解を示している.1992 年に締結された気候変動枠組条約においても発展途上国の立場に配慮がなされ,「共通だが差異のある責任」という原則が採用された.これもやはり,先進工業国の責任と発展途上国への配慮という公平性の観点が重視された結果であった.[200]

このような公平性の感覚は環境規制を導入する際の合意形成を容易にする.1990 年代後半,ドイツ政府は気候変動対策の一環としてガソリンなどに課税する炭素税を導入した.税負担が重くなることを回避したい産業界は炭素税の導入に反対であった.ドイツ政府は二つの条件を提示し,産業界との交渉に臨んだ.一つは,エネルギー消費の多い製造業の税負担を制度実施の初期段階において軽くするという条件であった.もう一つは,税収の 10%を気候変動対策に使い,残りは従業員の年金保険の財源などの形で企業に還元するという条件であった.この提案は,炭素税導入に伴

う企業の負担を軽減しながら二酸化炭素の排出量も減らすというウィン・ウィン（win-win）戦略に基づいたものであった．産業界はこの条件を受け入れた．炭素税の導入後，一般家庭の電気代は 1 カ月当たり約 330 円程度上がったが，炭素税という制度自体に対する反対は起こらなかった．その一方で，産業界にもっと負担してもらうべきという不満の声は存在する．このように，公平性の問題は環境政策の成否に大きな影響を与える．[201]

## 4. 経済的目標と社会的公平性の統合

　経済における公平性という古典的テーマも持続可能な発展には重要である．地球扶養力に限界がある限り，経済成長は永遠には続けられない．それによって発生する問題に対しては，富の再分配と効率の改善をもって対応するしかない[202]．そこまでは言わないとしても，基本的ニーズの充足における公平性は持続可能な発展にとってとても重要な課題である．このテーマは主に貧困と格差の問題として語られている．

　一般的に貧困は経済の失敗と見なされてきた．所得や賃金が不足しているがゆえに基本的ニーズの充足ができない状況，これこそが貧困問題の本質であると考えられていた．このような考え方からすれば，貧困問題の根本的な解決策は経済成長であるということになる．そして，発展とは一人当たり GDP の増加を意味することになる．このような考え方は経済学や社会学における近代化論として集約されている．近代化論によると，伝統社会は西欧の先進工業国と同じ道を辿り，市場経済，工業化，大量生産，大量消費に基づいた「近代社会」に移行しなければならない．このような「近代化」こそが発展であり，貧困問題の解決策でもあるという．

　その一方で，貧困問題を潜在能力及び自由の喪失として捉える考え方もある．A. セン（Sen）によると，貧困は潜在能力に対する制限，又は，潜在能力の発揮を可能にする自由の不在に他ならない．このような観点からすれば，貧困における本質的な問題は経済成長の成否ではない．本質的なのは，潜在能力及び自由における不平等の問題であり，不公平の問題である[203]．このような観点によると，発展の定義や評価基準においても，

GDP だけではなく，潜在能力に関する総合的な指標体系が必要となる．たとえば人間発展指数（Human Development Index, 又は HDI）は生産や消費の量的な拡大ではなく，健康，教育，住居，衛生，環境的持続可能性，人間の安全保障，平等といった項目に関わる指標をもって発展という概念を捉えている．2001 年に採択された国連のミレニアム発展目標（Millennium Development Goals, 又は MDGs）や，2015 年に採択された持続可能な発展目標（Sustainable Development Goals, 又は SDGs）も，HDI の考え方を受け継いでいる．[204]

ところで，ブルントラント報告書に代表される持続可能な発展という考え方は経済成長の必要性を全く否定しているわけではない．ブルントラント報告書はむしろ，「基本的ニーズを充足するための経済成長は持続可能な発展に欠かせない」という立場を取っている．同報告書はさらに，「発展途上国の経済成長を支えるためには先進工業国の経済も成長する必要がある」とも述べている．ただし，ブルントラント報告書も指摘しているとおり，持続可能な発展における経済成長には条件が付く．一つは貧困の撲滅という条件であり，もう一つは環境的持続可能性という条件である．つまり，ブルントラント報告書が求めている経済成長とは，貧困の撲滅による基本的ニーズの充足という社会的公平性のための経済成長であると同時に，環境的持続可能性とも矛盾しない経済成長なのである．[205]

経済における公平性は倫理的にも重要なテーマである．経済が成長しているにもかかわらず，貧困や所得格差が広がる社会もある．このような状況はそれ自体不公平なものである．このような社会を，我々は善き社会とは言わない．このことは統計的にも実証されている．国連のデータを用いた R. ウィルキンソン（Wilkinson）の研究によると，格差の大きい社会であるほど，平均寿命，児童学力，幼児死亡率，殺人発生率，収監率，成人病，社会的流動性の面で深刻な問題を抱えているという．それとは対照的に，積極的な福祉政策によって富の再分配が行われている社会の場合は，問題はそれほど深刻ではない．同じことは，同じ国の中の格差の大きい地域とそうでない地域に対してもいえる．いずれにしても，所得格差が小さいほど，前述のような問題は緩和される．さらに，格差が小さいことによっ

てもたらされる便益は低所得層だけでなく高所得層も享受できるという.[206]

　実際に,北欧諸国のような福祉国家は,所得格差や競争の激しい米国のような国と比べれば,健康問題や社会問題がそれほど深刻ではない.ウィルキンソンによると,それは,福祉国家における格差是正政策と,それに伴う社会的地位に関するストレスの低減がもたらした現象であるという.福祉国家は市場経済に基礎を置いてはいるが,何らかの理由で労働力を商品として売れなくなった人々の生活権を社会全体で保障する国家である.福祉国家における福祉サービスは匿名の社会的連帯によって支えられ,単なる慈善ではなく,国民の権利として提供される.このような福祉国家は,人々の出生から死亡に至るまでの全生涯にわたるリスクと費用を社会全体で分担している.したがって,福祉政策が充実している国においては,社会的地位に関する不安感やストレスも低減される傾向がある.健康や社会問題に関する福祉国家の高いパフォーマンスはこのようなメカニズムの産物であるという.[207]

　持続可能な発展は以上のような三つの次元における複合的な政策統合の過程でもある.確かに,このような政策統合は至難の業である.しかし,正しい情報と知識,そして政治的意志さえあれば,全く不可能なことでもない.

第 7 章　政策統合という課題

# 第8章　ドイツの持続可能な発展戦略

## 1. 戦略策定までの歩み

　2002年にドイツ連邦政府は持続可能な発展のための国家戦略（national sustainable development strategy，又はNSDS）を策定した[208]．ドイツNSDSは単なる環境計画ではなく，国の主要政策に持続可能性の原理を組み入れるための戦略である．内容的特徴からして，ドイツNSDSは前章で見た持続可能性政策統合（SPI）の実現を目指しているものといえる．

　ドイツで環境政策という概念が定着し始めたのは1969年頃であった．環境庁（UBA）も設置されたが，主な目的は研究及び政府への助言であった．環境に関する政策は内務省の所管であり，エネルギー政策は経済省が，原子力関連政策は研究技術省がそれぞれ担っていた．環境政策の立案についてはむしろ州政府の方に多くの権限があった．州政府は事業者に対する許認可権を持っていたので，産業界や連邦政府の開発政策を牽制することも可能であった．特に原発誘致や地球環境問題に対しては，反対運動の影響もあって，自治体は連邦政府より慎重であった．1972年には連邦共和国基本法が改正され，大気汚染，廃棄物，騒音に関する政策立案は連邦政府の所管となった．そして，1986年に起こったチェルノブイリ原発事故をきっかけに，環境，自然保護及び原子炉の安全を担当する連邦行政機関として環境省（BMU）が創設された．[209]

　1970年代のドイツでは命令・統制型（command and control）の環境政策が支配的であった．許認可権を梃子に行政機関は産業界に対して規制や指導を行った．この時期に予防原則（precautionary principle），すなわち「因果関係が科学的に立証されていなくても，環境に回復不可能な損害を及ぼす可能性がある場合には，環境問題に対して予防的な観点から事前に対策を講じる」という考え方も登場した[210]．技術の進歩に合わせて環境規制の基準をさらに厳しく設定し直す制度も導入された．その一方で，

遂行上の欠陥（implementation deficit），すなわち政策が計画どおり実施されないという問題も起こっていた．経済への悪影響を恐れ，現場レベルでは規制が骨抜きされることも少なくなかった．[211]

　1980年代に入ってからは，ドイツでも経済的政策手段が注目され始めた．1990年代になると，ラディカルな立場の緑の党も，環境税のような経済的手段を温室効果ガス排出量の削減に有効と考えるようになった．産業界や保守政党は，経済への悪影響を理由に，環境税の導入には強く反対した．その代わりに産業界は，削減目標と方法を自分たちで決める自主的手法を好んだ．その一方で，政策専門家の間では，エコロジー的近代化（ecological modernization，又はEM）という考え方が広がり始めた．EM論によると，産業革命以来の近代化は真の意味での近代化とはいえない．EM論者にとって近代化とは，システムの問題解決能力における進歩，すなわちパラダイムの転換とともに，問題解決に関わる新しい技術，政治・社会，そして科学・文化といった諸次元が制度化及び分化していく過程を意味する[212]．ところが，産業革命以来の近代化は，エコロジー問題を度外視し，むしろそれを引き起こしてきた．EM論者に言わせれば，このような近代化は近代化ではなく，近代と称されたシステムの硬化症に過ぎなかった．つまり，エコロジー問題を解決しない限り，近代化は未完のプロジェクトに終わってしまう．そこでEM論者は，技術及び制度面での革新を引き起こし，これまでの近代化過程をエコロジー的に再構築しようとする．このようなEM論の影響で，「エコロジー的近代化は経済的にも割に合う」，「エコロジー的近代化によって，環境と経済は両立できるようになる」といった考え方が広がり始めた．利潤追求の動機に沿って行動する産業界のアクターを説得する上で，このようなEM言説は有用かつ有効であった．[213]

　ドイツは環境運動も強い国であった．ドイツの環境運動の強さは特に反原発運動に負うところが多い．政府の原発建設計画は大規模な抗議デモや訴訟の対象となった．核燃料再処理施設の建設計画も激しい抗議行動によって中止に追い込まれた．このような反原発運動を通じて，環境団体は院外政治の最前面に浮上することができたのである．このような環境運動

は全体主義のナチス政権下における自然保護運動とは一線を画したものであった．戦後の環境運動は自由と民主主義という価値に根ざしていた．第4章で見たとおり，このような環境運動を背景にドイツの緑の党も誕生した．緑の党は地方政治の場で存在感を強めていき，1983年には連邦議会（Bundestag）にも進出した．そして1998年の総選挙後，緑の党は社会民主党が主導する赤緑連立政権の一翼を担うまで成長した．214

赤緑連立政権の下では，持続可能な発展に関する重要な政策転換が行われた．炭素税が導入され，再生可能エネルギーに有利な固定価格買取制度も実施されることになった．脱原発への社会的合意も得られた．言うまでもなく，このような政策転換は政治的妥協の産物でもあった．産業界は炭素税，脱原発，再生可能エネルギー優遇制度の導入に対して反対していた．経済成長による雇用の確保を何より重視する社会民主党も産業界に友好的であった．緑の党は妥協を余儀なくされた．炭素税は導入されたが，実施の初期段階において，エネルギー集約型産業に対する課税は免除されることになった．税収の多くは，失業手当，従業員の年金及び健康保険の支出など，企業の間接人件費を削減する目的に使われることになった．脱原発も，原子炉の寿命を基準に段階的に長期的に進めることとなった．寿命に達していない古い原発を早期に廃炉した場合，残りの寿命年数を他の原子炉の寿命に加算することも認められた．安全基準を守っていなかったがゆえに停止となっていた核廃棄物の輸送も再開された．215

赤緑連立政権の樹立後，NSDS策定の動きも本格化し始めた．緑の党は戦略策定過程には直接関わらず，エネルギー政策を含む個々の政策に対して影響力を行使した216．2000年6月には首相府の中にNSDS策定委員会が設置された．各省庁の実務責任者からなるこの委員会はグリーン内閣（Green Cabinet）という愛称で呼ばれた．グリーン内閣は省庁横断的な協議を通じてNSDS素案作成に取り掛かった．民間各分野の有識者からなる持続可能な発展委員会（以下，SD委員会）も設置された．SD委員会はグリーン内閣に対して助言を行うとともに，社会各部門との対話を進めた．217

社会との対話はオンラインとオフラインの両方で進められた．一般市民

## 第8章 ドイツの持続可能な発展戦略

及び関連団体はインターネットを通じて政府の素案に対して意見を述べることができ，政策担当者との討論も行われた．このような回路を通じて表出された意見は検討を経て素案に反映された．たとえば，持続可能な発展を世代間公平，生活の質の向上，社会的結束，国際的貢献という四つの目標をもって捉えるという観点は，社会との対話を通じてより明瞭化されたものであった．さらに，様々な社会団体との対話も進められた．宗教団体からは，公平性，連帯，家族といった価値を重視してもらいたいという意見が出た．環境団体は，気候保護に関する数値目標の明記を要求した．経済団体からは，国際的感覚や競争力といった要素を重視してもらいたいという要望が出された．これらの意見はすべてNSDSに反映された．[218]

このような過程を経て，2002年に「ドイツの展望—持続可能な発展のための我々の戦略—」と題されたNSDSが策定された．他の先進国と比べて，ドイツはNSDSの策定に遅れを取っていた．原因の一つは，この種の計画に対する政府内の懐疑的な雰囲気であった．ドイツ政府は1970年代にも政策統合を意識した環境計画を策定したことがあったが，省庁間の対立で，計画は内容どおり実行されなかったのである．もう一つの原因は，持続可能な発展に関する社会的関心の低さであった．2000年に実施された調査によると，持続可能な発展という言葉を知っている人は13％に過ぎなかった．このような状況の中で，連邦政府や連邦議会に対してNSDSの策定を強く要求していたのは，環境団体と自治体であった．特に各州の環境長官からなる環境閣僚会議は，NSDSの策定を急ぐようにと連邦政府に強く求めていた．[219]

策定時期こそ遅れを取っていたものの，内容の面でドイツのNSDSは高い評価を受けている．他の多くの国とは違って，ドイツのNSDSは策定過程や内容が政策統合的だったからである．たとえば，環境政策統合に関するEUの報告書は，ドイツNSDSを部門横断的な政策統合の試みとして高く評価している[220]．先進国のNSDS策定過程を比較分析しているOECDの報告書も，ドイツのNSDSを環境政策統合の一例として取り上げている[221]．環境政治学分野においても，ドイツのNSDSは水平的環境政策統合の好例として注目されている．[222]

## 2. 政策統合的な指標体系

　ドイツ NSDS によると，持続可能な発展とは，世代間公平，生活の質の向上，社会的結束（又は社会的包摂），国際的貢献という四つの目標を統合的に実現することである．各目標の中には経済的次元，社会的次元，環境的次元に関する指標が割り当てられ，その多くは定量的評価ができるように数値目標を掲げている．以下においては，ドイツ政府が2年ごとに作成・公表している評価報告書の2012年度版を中心に[223]，ドイツ NSDS の政策統合的な内容の要点を確認してみる．

　第1に，ドイツ NSDS によると，持続可能な発展はまず世代間公平を実現することである．ブルントラント報告書にもあるように，世代間公平とは，現世代の基本的ニーズのために未来世代の基本的ニーズを犠牲にしないこと，また，現世代の問題を未来世代に転嫁しないことを意味する．世代間公平を実現するためには，環境及び資源の持続可能性を維持する必要がある．また，財政赤字や国家債務を減らしながら経済を発展させ，若者の能力開発への投資も増やす必要があるという．この世代間公平という目標は図表4のような指標によって進捗状況が評価されている．[224]

図表4　世代間公平に関する指標（2012年度 NSDS 評価報告書）[225]

| 環境と資源 | ・エネルギー効率を2020年までに1990年の2倍にする．<br>・一次エネルギー消費を，2020年までに1990年比76.3%，2050年までに47.7%になるように減らす．<br>・資源効率を2020年までに1994年の2倍にする．<br>・温室効果ガス排出量を，2020年までに1990年比40%，2050年までに80%削減する．<br>・再生可能エネルギーを2020年までに最終エネルギー消費の18%，電力総消費の35%になるように増やす．<br>・生物多様性の指標として指定されている59種の鳥の数を2015年までに安定化させる．<br>・商工業及び交通の目的で開発される土地面積を2020年までに1日当たり30ヘクタールになるように減らす． |
|---|---|
| 持続可能な経済 | ・政府の財政赤字を長期的に改善していく．<br>・2010年現在82.3%となっている政府債務残高の対GDP比率を |

| | 長期的に改善していく. |
|---|---|
| | ・GDP に対する総固定資本形成比率を増やしていく. |
| 研究と開発 | ・研究開発投資を 2020 年までに GDP の 3％まで増やす.<br>・18 歳から 24 歳までの学校中退者を 2020 年までに 10％未満になるように減らす.<br>・30 歳から 34 歳までの高等教育中退者を 2020 年までに 42％になるように減らす.<br>・学位コースへの新規登録者を 2010 年までに 40％になるように増やす. |

　第 2 に，持続可能な発展とは生活の質を向上させることでもある．生活の質を向上させるためには，環境の質を改善し，経済を成長させ，健康で安全な暮らしができるように状況を改善していかなければならない．環境の質を改善するためには，公害防止，交通汚染の予防，有機農業の促進に関する対策を強化する必要がある．経済成長は生活の質の改善に欠かせない要素である．ただし，経済成長によって環境の質が悪化してはならない．生活の質の向上に関する指標は図表 5 のとおりである．[226]

図表 5　生活の質の向上に関する指標（2012 年度 NSDS 評価報告書）[227]

| 環境の質 | ・大気汚染物質を 2010 年までに 1990 年比で 70％減らす.<br>・貨物及び旅客の輸送強度を 2020 年までにそれぞれ 1999 年比 95％及び 80％になるように下げる.<br>・全体貨物輸送に占める鉄道及び水路での輸送量を 2015 年までにそれぞれ 25％及び 14％になるように増やす.<br>・農地の窒素濃度を 2010 年までにヘクタール当たり 80kg になるように減らす.<br>・有機農業の面積を長期的に全体農業面接の 20％になるよう増やす. |
|---|---|
| 経済成長 | ・経済を持続的に成長させる.<br>・GDP の成長と環境悪化の関係を切り離す. |
| 健康と安全 | ・65 歳未満の死亡者数を 2015 年までに男性 10 万人に 190 人，女性 10 万人に 115 人になるように減らす.<br>・15 歳以上の喫煙人口を 2015 年までに 22％以下になるように減らす.<br>・増加一方の 18 歳以上肥満人口（2009 年現在 14.7％）を 2020 年までに減少させる.<br>・刑事犯事件を 2020 年までに 10 万人当たり 7 千件を下回るように減らす. |

第3に，持続可能な発展は社会的結束（包摂）を促進する発展でなければならない．ドイツは，個人主義や競争といった自由主義の価値を尊重する国であると同時に，公共性，連帯，市民性といった価値をも尊重する国である．経済システムにおいても，ドイツは基本的に市場原理に基礎を置きながらも，政府の積極的な介入を通じて格差是正に取り組んできた．周知のとおり，このようなシステムは社会的市場経済（social market economy）と呼ばれている[228]．ドイツ社会に見られるこのような文化は，若者，女性，外国人市民といった社会的弱者のエンパワーメントを進める上で肯定的な効果をもたらしている．この社会的結束という目標は図表6のような指標によって進捗状況が評価される．[229]

図表6　社会的結束（包摂）に関する指標（2012年度NSDS評価報告書）[230]

| 雇用の拡充 | ・15歳以上64歳以下の就業率を2020年までに75％になるように向上させる．<br>・55歳以上64歳以下の就業率を2020年までに60％になるように向上させる． |
|---|---|
| 子育て支援 | ・0歳から2歳までの子供を対象とする終日保育を2020年までに35％になるように増やす．<br>・3歳から5歳までの子供を対象とする終日保育を2020年までに60％になるように増やす． |
| 社会的弱者のエンパワーメント | ・男女間における時給の差を2020年までに15％以下，2050年までに10％以下になるように減らす．<br>・外国人市民の一般教育機関卒業率（2009年現在86.2％）を2020年までにドイツ人市民の水準（2009年現在94.2％）になるように向上させる． |

　第4に，持続可能な発展は地球的で国際的な課題でもある．産業革命以来，先進工業国は人類の共有財産である資源を多く消費してきた．この過程で様々な地球環境問題が引き起こされた．この点において，先進国には持続可能な発展に率先して取り組むと同時に発展途上国を支援する倫理的な責任がある．発展途上国の持続可能な発展を支援することは先進国にとっても利益になる．地球規模で資源効率性が向上し，環境問題が改善されれば，その便益は先進国にも及ぶからである．国際的貢献という目標は

図表 7 のような指標によって進捗状況が評価される.[231]

図表 7　国際的貢献に関する指標（2012 年度 NSDS 評価報告書）[232]

| 財政的支援 | ・ODA 援助を 2015 年までに国民所得の 0.7%までに引き上げる. |
|---|---|
| 市場の開放 | ・発展途上国からの輸入をさらに増やしていく. |

　ドイツ NSDS はこのような目標と指標に基づいて進められている．その進捗状況は 2 年ごとに評価され，指標や数値目標の見直しが行われている．勿論，指標の中には互いに矛盾するものもある．一見したところ，たとえば経済成長に関する指標は温室効果ガス排出量削減に関する指標と矛盾関係にある．一般的に，経済が成長するということは，エネルギーの消費が増えること，そして，それによって温室効果ガスの排出量が増えることを意味するからである．しかし，ドイツ NSDS によると，資源及びエネルギー効率性の向上や省エネルギー及び再生可能エネルギーの普及を通じて，このような矛盾は解消できる．大切なことは，矛盾解消に向けた政策統合の道を懸命に模索することであるという.[233]

## 3. 中長期の重点課題

　さらに，ドイツ NSDS は持続可能性政策統合のための重点課題として次のような目標を掲げている．最も力を入れている分野はエネルギー政策と気候変動政策の統合である．ドイツ NSDS によれば，従来のエネルギー政策は持続可能なエネルギー政策に変わらなければならない．持続可能なエネルギー政策とは，供給と消費における効率性を高め，エネルギー資源の保全及び安定的な供給を可能にするとともに，気候保護にも貢献できる政策を意味する．これらの目標は再生可能エネルギーの普及と省エネルギー対策によって達成することができる．ドイツ NSDS では特に二つの制度が重視されている．一つは，再生可能エネルギーで生産された電気を電力会社が固定価額で義務的に買い取る制度である．もう一つは，温室効

果ガスの排出に課税をする炭素税の導入である．ドイツ政府は，このような制度によって省エネルギー及び再生可能エネルギー産業が発展することを期待している．その一方で，原子力は持続可能なエネルギーのリストから外されている．原子力発電には事故による核汚染，核廃棄物の排出，核兵器への転用といった深刻なリスクが伴うからである．[234]

　交通政策に環境政策の目標を統合することも，重点課題となっている．ドイツ NSDS によれば，従来の交通政策における最優先課題は交通量の増大と交通インフラの拡大であった．しかし，このような政策は，大気汚染，騒音，環境及び景観の破壊，温室効果ガス排出量の増加といった問題の原因となっている．したがって，持続可能な発展に相応しい交通政策は，交通の経済性だけでなく，生態学的側面及び社会的側面をも考慮しなければならないという．そのための対策としては，移動の必要性そのものを減らす方向での都市計画，コンパクトな都市づくり，鉄道・水路・自転車・歩行が中心となる交通体系への転換，交通公害防止のための研究開発への投資，交通の社会的・環境的費用の内部化などが挙げられている．道路建設に費やされる土地面積もこれ以上増えないように規制しなければならないという．[235]

　農業及び地域発展に持続可能性原理を統合することも重点課題の一つである．ドイツ NSDS によると，生産者の利益を守ることを優先してきた農業政策は，これからは安全・安心といった消費者側の利益を重視しなければならない．特に，狂牛病のような危機的事態の再発を防ぐためには，飼育における生態学的な基準を強化する必要がある．また，有機農業の面積を段階的に拡大させるなど，生態系の許容能力と人々の健康に配慮した農業政策への転換が必要である．さらに，食品加工及び流通，再生可能エネルギーの生産，エコツアーといった産業を活性化させることを通じて，農村における収入源の多様化を図る必要があるという．[236]

　その他の重点課題としては，人口，教育，企業経営，土地利用といった分野に持続可能性の原理を統合することが挙げられている．ドイツ NSDS によると，少子高齢化と移民による人口構造の変化に対応するためには，家族の経済基盤の強化，高齢者に対する再就職の支援，育児と仕事の両立

のための対策が必要である[237]．一方，教育政策においては，若者の就業能力や潜在能力を開発するための教育機会を増やさなければならない．また，経済と社会と環境の三者関係を有機的かつ統合的に捉えられる能力や，想像力，創意力，学祭的学習能力，合意形成能力を向上させるための教育も必要である[238]．他方，企業経営においては，経済成長と雇用安定と環境保護の関係を全体論的に捉えられる手法を開発し，経営技法として取り入れなければならないという[239]．さらに，土地利用においては経済成長と開発面積の増加の間に見られる正の相関関係を切り離し，空間節約型建築，郊外化の抑制，都心の活性化，土地の再利用といった原則を土地利用計画の中に取り入れなければならないという[240]．

　以上のような重点課題には持続可能な経済(sustainable economy)への転換を促す効果がある．持続可能な経済とは，持続可能性の原理を内部化した経済である[241]．ドイツ政府は，このような方向転換が長期的には大きな便益を社会全体にもたらすと確信している．ドイツ NSDS によると，このような期待はすでに現実になりつつある．1990 年代以来の取り組みが功を奏し，再生可能エネルギー産業は年間売り上げ 100 億ユーロの産業に成長し，12 万人もの雇用効果をもたらすようになった[242]．再生可能エネルギーや気候保護に関するドイツ政府の意欲的な数値目標は，このような経済的効果を認識した上で設定されたものでもある．

## 4．ドイツ NSDS からの示唆

　ドイツ NSDS からは次のような示唆が得られる．第 1 に，持続可能性への政策統合のためには政治的意志が重要である．ドイツの場合，持続可能性に向けた政策統合は赤緑連立政権に負うところが多い．また，首相府のイニシアティブと，その後押しを受けたグリーン内閣の存在は，省庁間の対立を回避しつつ部門横断的な政策調整を進める上で有効であった．何よりも，政策統合の促進には市民社会や自治体からの働きかけが重要である．ドイツの場合は，環境団体や自治体環境長官会議からの圧力が有効であった．

第2に，持続可能な発展のための政策統合においては，重層的で部門横断的なコミュニケーションが欠かせない．ドイツの場合，政府の中ではグリーン内閣が実務者レベルにおける部門横断的コミュニケーションを担った．また，有職者からなる SD 委員会は政府と社会との対話を企画し実施した．NSDS の素案はこのような重層的で部門横断的なコミュニケーションを通じて練られ，多様な観点から多角的に検討された．このような参加と討論の過程は NSDS の政治的正当性を高める上でも役に立ったといえる．

　第3に，その一方で，NSDS には法的拘束力がない．それゆえ，必要な対策が講じられなかったり，内容が形骸化されたりする可能性もある．また，政権交代によって方針が大きく変わる可能性も排除はできない．実際に，2005 年に成立した穏健右派政権は古い原発の寿命延長に踏み切った．これは赤緑連立政権の政策方針からすれば明らかな後退であった．この逆コースの動きは，市民社会からの抗議，そして 2011 年 3 月に日本で発生した福島原発事故をきっかけに全面撤回された．NSDS の形骸化を防ぐ根本的な方法は，社会からの高い関心と支持，そして圧力しかない．このような原動力を維持するためには，持続可能な発展に関する教育や広報活動を強化しなければならない．

　最後に，評価体制においても課題は残っている．客観性や信頼性の観点からすれば，戦略の進捗状況に対する評価は政府から独立した第三者機関が担うべきである．連邦議会の中に関連組織を設けることも一つの方法であろう．

　2016 年秋，2002 年に策定されたドイツ NSDS は全面的に改正された．この改正は，2015 年に採択された国連の持続可能な発展目標（SDGs）との整合性を取るために行われた．新しい NSDS の成果と課題に関する今後の評価が注目される．

第 8 章　ドイツの持続可能な発展戦略

## 第 9 章　気候変動の政治

### 1. 科学的知見

　気候変動は持続可能な発展に関する政治システムの能力が試される分野であり，その実相が垣間見える分野でもある．気候変動に関する政府間パネル（Intergovernmental Panel on Climate Change，又は IPCC）の報告書によると，地球温暖化は疑う余地のない事実である．地球の平均気温は上昇していて，それは主に，大気中の人為起源の温室効果ガスの濃度が増えることによって起こる現象であるという．二酸化炭素（$CO_2$），メタン（$CH_4$），一酸化二窒素（$N_2O$）のような温室効果ガスは，地表面から放射される熱を吸収し，再び地表面に放射する働きをする．ところが，産業革命以来の経済的活動によって温室効果ガスが大量に排出され，それによって地球全体の温室効果が強化され，世界平均気温が上昇するようになった．温室効果ガスの中でも特に問題となっているのは二酸化炭素であり，そのほとんどは石炭や石油といった化石燃料が燃焼する過程で排出されたものである．氷床コアの成分分析から明らかになっているとおり，産業革命以後の温室効果ガスの濃度は，産業革命以前の何千年にわたる期間が示す数値をはるかに超えているという．[243]

　IPCC の報告書によると，地球温暖化がこのまま進行すると，気候変動が起こり，人間や生態系に大きな悪影響がもたらされる．たとえば，21 世紀にはほとんどの陸地で寒い日が減少し，高温や熱波の発生頻度も増加する．また，一方では大雨や台風の頻度と規模が増大するとともに，他方では干ばつの影響を受ける地域も増加する．強い熱帯気圧の活動や極端な高潮位の発生も増えるという．このような気候変動は，生態系，人間の健康及び経済に深刻な影響を与える．数億人もの人々が水ストレスに直面するほか，最大 30％ の生物種が絶滅することになる．中高緯度地域におけるいくつかの穀物の生産は増加する可能性もあるが，低緯度地方を含むほとんどの地域で，穀物生産性は低下する．洪水や暴風雨による被害も増大

する．海面も上昇し，世界の沿岸湿地の約 30%が喪失される可能性がある．栄養不良，熱中症，感染症の増加など健康上のリスクも増える．当然ながら，これらのリスクに伴う経済的負担も増大することになるという．[244]

気候変動は，産業革命以来の経済活動が生態系及び社会の持続可能性と矛盾するものであることを示す典型例である．気候変動の対策には適応策と緩和策がある．産業革命以来すでに排出してしまった温室効果ガスのため，これからの排出を減らしても，しばらくの間は地球の平均気温は上昇し続ける．適応策が必要となるのはこのためである．たとえば，気候変動による水ストレスに適応するためには，雨水の利用，貯水，水の再利用，淡水化などの対策が必要になる．農業においては，作付け時期や場所の変更，作物種の調整などの対策も必要になる．沿岸地帯においては，防波堤や高潮用防壁の設置，砂丘の補強，自然障壁の保護，集団移転などの対策を講じる必要がある．温暖化に伴う新しい病気の管理体制及び救急医療サービスの整備も欠かせない．さらに，観光産業に頼っている地域においては，気候変動に伴う収入の減少に備え，収入源の多角化を図らなければならない．[245]

しかし，このような適応策は気候変動の根本的な解決策にはなれない．適応策だけでは気候変動を防ぐことはできないからである．緩和策が必要となるのは，このためである．緩和策とは，地球温暖化の原因となる温室効果ガスの排出量を減らすための対策を指す．代表的な緩和策としては，省エネルギー対策，低炭素型エネルギーの普及，コジェネレーション，炭素回収貯留技術の開発などが挙げられる[246]．鉄道及び公共交通システムへの転換は運輸部門における緩和策となる．二酸化炭素排出量の削減にインセンティブを与える税制や補助金制度も緩和策としては欠かせない．実効性のある緩和策を実施すれば，温室効果ガス排出量の増加に歯止めを掛け，大気中の温室効果ガスの濃度を安定化させることも不可能ではない．その一方で，このような緩和策に対しては産業界からの反発が強いため，政治的に緩和策の導入又は強化が困難になる可能性も排除はできない．[247]

気候政策の成否は温室効果ガス排出量の削減にかかっている．2013 年現在，世界二酸化炭素排出量に占める主要排出国の排出量は，中国 28.7%,

米国 15.7％，インド 5.8％，ロシア 5.0％，日本 3.7％，アフリカ諸国 3.4％，ドイツ 2.3％，韓国 1.8％となっている．2005 年頃までは米国が最大排出国であったが，今は中国が最大排出国になっている．ただし，1 人当たりの排出量で見ると，米国が 16.4％で 1 位，ロシアと韓国がそれぞれ 11.6％，日本 9.7％，ドイツ 9.2％，中国 7.0％，インド 1.5％，アフリカ諸国 1.0％となっている．全体的にみれば，先進工業国の排出量が依然として大きい割合を占めている一方で，発展途上国の排出量も急速に増加している．排出量削減のためには国際的協調が欠かせない．しかし，温室効果ガスの排出を減らすということは化石燃料型の経済を低炭素型経済に変えなければならないということを意味する．それゆえ，既得権国家及び社会部門は緩和策の導入に抵抗する傾向がある．こういうわけで，気候変動の国際及び国内政治の場においては，削減量の割り当てや責任分担をめぐる対立が後を絶たない．[248]

## 2. 京都議定書

　気候変動問題に対する国際的取り組みは 1980 年代末頃から本格化し始めた．1988 年，国連は気候変動問題を国際政治のアジェンダとして取り上げ，1989 年には気候変動に対応するための国際条約を締結することを決めた．1990 年には政府間交渉委員会が設置され，条約の内容に関する国際交渉が始まった．そして，1992 年 5 月に「気候変動に関する枠組条約」(United Nations Framework Convention on Climate Change，又は UNFCCC) が採択され，同年 6 月にリオデジャネイロで開かれた国連環境開発会議（リオ会議）の場で，167 カ国の政府及び欧州共同体（EC）の代表が署名を行った．[249]

　UNFCCC の目的は「気候系に対して危険な人為的干渉を及ぼすこととならない水準において，大気中の温室効果ガスの濃度を安定化させること」である．当時の最大排出国だった米国は，この条約に法的拘束力のある削減目標を具体的に明記することに対して反対であった．こういうわけで，同条約の削減目標は「生態系が気候変動に自然に適応し，食糧の生産

が脅かされず，経済開発が持続可能な態様で進行することができるような期間内に，個別に又は共同して，1990年の水準に戻す」という表現にとどまった.[250]

一方，UNFCCCは予防原則の考え方を取り入れている．条約には，「深刻な又は回復不可能な損害の恐れがある場合には，科学的な確実性が十分にないことをもって，このような予防措置をとることを延期する理由とすべきではない」と定められた．これは，因果関係に不確実性があることを理由に気候変動対策を講じないという事態が発生することを防ぐためであった．他方，「共通に有しているが差異のある責任」という原則も採用された．これは，産業革命以来温室効果ガスを大量に排出してきた先進工業国に気候保護に率先して取り組む責任や義務がある，ということを認めるものであった.[251]

UNFCCCの締約国は，温室効果ガス排出及び吸収源に関する目録を作成し，報告しなければならなくなった．付属書Iに分類された締約国及び地域（1992年現在のOECD加盟24カ国と，ヨーロッパ市場経済移行過程諸国及びEC）に対しては，気候変動を緩和するための対策を講じることが義務づけられた．付属書Iの国・地域から報告された排出量情報は締約国会議で妥当性を検討することとなった．また，付属書IIに分類された先進国（OECD諸国及びEC）は，発展途上国に対する財政的支援及び技術移転も行うこととなった.[252]

各国の利害関係が対立する中，1997年12月に京都で開かれた第3回締約国会議（COP3）で，具体的な削減措置を定めた京都議定書（Kyoto Protocol）が採択された．先進工業国は全体で，6種類の温室効果ガス（二酸化炭素，メタン，一酸化二窒素，HFC，PFC，$SF_6$）の排出を，2008年から2012年までの5年間を第一次約束期間とし，1990年比で少なくとも5%削減することとなった．付属書Iの国はそれぞれ整合性のある削減目標を提示する必要があった．交渉の末，EUは1990年比で8%，米国7%，日本6%など，国・地域別削減目標が決まった．最大排出国だった米国は市場メカニズムを利用する仕組みの導入を強く求めた．最大排出国が参加しなければ京都議定書の発効が難しくなるという事情もあり，締

約国は米国の要求に応じざるを得なかった．交渉の結果，一連の柔軟性メカニズムが導入された．先進国間又は先進国と発展途上国との間で共同プロジェクトが行われた場合，それによってもたらされる削減効果は，そのプロジェクトに投資を行った国の削減分として加算されることとなった．炭素市場を介した排出権取引制度の導入も認められた．さらに，森林等吸収源の整備による二酸化炭素の吸収量もその国の削減量として認められることとなった．253

## 3. 対立と分裂

　京都議定書に対する主要国・地域の対応は一様ではなかった．1993年11月に発足した欧州連合（EU）は，温室効果ガスの排出規制（炭素規制）に最も積極的であった．気候変動枠組条約に関する交渉において，EUは一貫して削減の義務化を主張した．米国が要求していた柔軟性メカニズムの導入に対しても，EUは反対であった．再生可能エネルギーの普及や，二酸化炭素排出削減に関する数値目標においても，EUは常に前向きであった．EUの第一次気候変動計画（2000年）や再生可能エネルギー指令（2001年）には，2010年までに電力消費量の22%を再生可能エネルギーで賄い，2020年までに二酸化炭素排出量を1990年比で20%削減するという高い数値目標が盛り込まれた．2020年までに輸送用燃料消費の10%をバイオ燃料にするという目標も掲げられた．米国の要求で導入されることとなった排出権取引制度の設計においても，EUは総量削減方式（cap and trade system）を採用し，実質的削減効果に拘る姿勢を貫いた．254

　化石燃料の輸入大国でもあるEUは，経済的な理由からも化石燃料の消費を減らす必要があった．それに，削減目標の設定において，EUは他の国と比べて相対的に有利な立場に立っていたのも事実である．たとえば，当時の東ヨーロッパ諸国は社会主義経済から資本主義経済に移行中であったため，経済が一時期崩壊の状態に陥り，二酸化炭素排出量も低下していた．またドイツの場合は，東西ドイツの統一後，東ドイツ地域にあっ

たエネルギー効率の悪い工場を閉鎖するなど，工業生産におけるエネルギー効率を大幅に改善する措置が行われた．一方，1980年代サッチャー（M. H. Thatcher）保守政権下の英国では，石炭から天然ガスへのエネルギー転換が行われた．その背景には，労働党の支持基盤であった石炭産業労働組合を弱体化させるという政治的思惑もあったと言われている．この政策転換は気候変動政策に思わぬ効果をもたらした．石炭への依存度を減らしたことによって，英国は二酸化炭素排出量の削減に有利な立場になったのである．その一方で，南ヨーロッパ地域では干ばつによる農業の被害など，気候変動の悪影響が目に見える形で現れ始めた．EUの気候変動政策にはこのような入り込んだ諸事情も影響していた．[255]

EUの中でもドイツは政策転換のリーダー的存在であった．1980年代末から1990年代にかけて，ドイツでは気候変動が重要な政治イシューになっていた．連邦環境財団や気候変動諮問委員会も設立され，予防的手段に関する報告書も作成された．気候変動は取り返しのつかない深刻な結果を招くため，予防の見地から対策を講じるべきという認識が政府の内外で広がった．ドイツ政府は，気候変動に関する自国の戦略がEUのスタンダードとなり，再生可能エネルギー分野で技術革新を促進させ，世界市場で競争優位を占めることを望んでいた．一方，費用の増加を避けたい産業界は炭素規制に反対であった．他方，炭素規制を商機と捉える企業も現れ始めた．電力業界も，炭素排出に対する規制は原発産業にとって追い風になると考えていた．前述のとおり，東ドイツ地域の経済崩壊やエネルギー効率の改善なども，ドイツの気候変動政策に有利に働いた．[256]

一方，先進国の中で気候変動政策に最も消極的だったのは米国であった．米国経済は安い化石燃料に依存しているため，石炭・石油産業は強い政治的影響力を持っていた．化石燃料業界の圧力団体は豊富な資金を使い，地球温暖化を否定する広報やロビー活動を行った．たとえば，世界気候連合（Global Climate Coalition）は，気候変動の科学的根拠を批判する研究に巨額の資金を提供しつつ，気候変動対策のもたらす米国経済への悪影響についてマスメディアを使って大々的に宣伝をした．米国には会員数や財政の面で世界的規模の環境団体も少なくないが，1980年代以来その影

力は弱まっていた．1981年1月から1993年1月までの12年間にわたって政権を担っていた共和党政権は，市場至上主義と規制緩和を前面に掲げた新自由主義路線の政権であった．共和党政権下で米国の環境政策は大きく後退した．低費用の省エネルギー技術を豊富に持っていたにもかかわらず，二酸化炭素排出量の削減には莫大な費用がかかるという認識が米国を支配するようになった．[257]

京都議定書の締結に至る国際交渉において，米国は法的拘束力のある削減目標を明記することに対して一貫して反対であった．1993年からの8年間は環境問題に前向きな民主党が政権を握っていたが，議会で多数を占めていた共和党は民主党政権の足を引っ張った．数値目標と削減期限を設けることに対しても，米国は常に反対であった．削減方法においても，米国は前述した柔軟性メカニズムの導入を強く主張した．最大排出国米国の離脱を阻止するために，EUは米国に譲歩せざるを得なかった．米国政府と産業界が好んだのは，民間主導の自主的手段と技術革新によるエネルギー効率の改善であった．産業界は，気候変動枠組条約の共通だが差異のある原則に対しても批判的だった．産業界は，発展途上国が削減義務を負わない限り，先進国だけの努力は意味がない，と批判した．2001年からは再び共和党が政権を握った．そしてその直後，米国は京都議定書を脱会してしまった．自ら導入を強く主張していた柔軟性メカニズムが京都議定書の対策メニューとして認められたにもかかわらずである．[258]

その一方で，気候変動政策に連邦政府より積極的に取り組む州政府も現れた．2000年7月，ニューイングランド州とカナダ東部5州の知事が集まり，温室効果ガスを2020年までに1990年比で10％削減すると宣言した．2003年には，メイン州，メリーランド州，バーモント州，ニューハンプシャー州，コネチカット州，ニューヨーク州，ニュージャージー州，デラウェア州が参加する「地域温室効果ガスイニシアティブ」（Regional Greenhouse Gas Initiative）が結成された．加盟州は発電所から排出される二酸化炭素の排出量を2009年から2015年までの間に安定させ，2019年までに各州で10％削減すると宣言した．カリフォルニア州では2002年7月に気候変動関連法が成立し，州の大気資源局は自動車から出

る二酸化炭素削減に関する独自の計画を策定することができるようになった．カリフォルニア州は再生可能エネルギーについても積極的であった．同州は電力小売業者に対して，購入する電力量に占める再生可能エネルギーの割合を 2010 年までに 20%，2020 年までに 33% にするよう求めた．また，2010 年までにエネルギーの 20% を，そして 2020 年までには 33% を再生可能エネルギーにすると宣言した．[259]

　日本は EU と米国の間で仲介者としての役割を演じ続けた．エネルギー輸入依存度の高い日本は，1970 年代のオイルショックがきっかけとなり，省エネルギー対策に力を入れてきた．首相官邸や外務省は，地球環境問題を経済大国日本の国際的威信を高める良い機会と捉えていた．1997 年に気候変動枠組条約第 3 回締約国会議（COP3）を主催することになった日本は，京都議定書の締結及び発効に向けて EU と歩調を合わせた．日本政府は，京都議定書を離脱した米国を厳しく批判した．その一方で，日本政府と産業界は実効性の高い対策の導入には消極的であった．国内では「日本の省エネルギー事情はこれ以上絞っても何も出ない乾いた雑巾のような状態である」という言説が幅を利かせていた．日本政府はいつも米国の立場に配慮をし続け，国際的には温室効果ガス削減に消極的な国と見られていた．[260]

　国内対策をめぐっては，積極派と消極派が対立していた．積極派である環境省の政治的力は強くはなかったが，地球環境問題への関与を通じて日本の国際的威信を高めようとする首相官邸や外務省は気候変動イシューに前向きであった．地球温暖化の防止を求める世論も高まり，1997 年 6 月の世論調査では「経済的負担が増えても温暖化対策を支持する」という意見が 84% を占めていた[261]．与党自民党の中にも環境税の導入に前向きな議員が少なくなかった．日本の積極派の考え方は，炭素規制に積極的な EU の立場に近かった．その一方で，財界の総本山と言われる経団連と経産省は，産業界が主導する自主的手段以外の政策手段を導入することに対して終始一貫強く反対していた．経産省と経団連の立場は国際的に見れば米国の立場に近かった．このように，気候変動をめぐる EU と米国の対立は，日本国内においては実効性のある政策手段の導入をめぐる積極派と消

極派の対立として再演されていた．結局，産業界の反対のため，炭素税や排出量取引制度のような経済的政策手段さえ導入することはできなかった．かくして，日本政府の京都議定書目標達成計画は，省エネルギー啓蒙運動，産業界による自主的取り組み，森林等吸収源の吸収効果，そして，原発稼働率の向上及び原子炉の増設に依存する内容となった．262

## 4．パリ協定

京都議定書の第一約束期間（2008 年から 2012 年までの 5 年間）において，参加した 23 カ国の内 11 カ国が削減目標を達成した．基準年より排出量が増えている国もあったが，EU 地域に適用された共同達成という枠や，柔軟性メカニズム及び森林等吸収源による削減効果までを加算すると，参加したすべての国・地域で削減目標は達成される結果となった．263

日本の場合，2012 年度の二酸化炭素総排出量は 1990 年比で 1.4%増加していた．2010 年以降の景気回復が増加の原因であった．また，福島原発事故の影響で火力発電が増えていたことも，排出量増加に影響していた264．ただし，森林等吸収源による削減効果（基準年比 3.9%削減）及び柔軟性メカニズムによる削減効果（基準年比 5.9%削減）をすべて加算すると，日本の総排出量は基準年比 8.4%減となった．これによって，基準年比 6%削減という日本政府の目標はかろうじて達成された．265

京都議定書は温室効果ガス削減に向けた初の国際的取り組みであった．気候変動に関する科学的知見からすれば，京都議定書の削減目標は微々たるものであった．にもかかわらず，京都議定書による取り組みには大きな意義があった．京都議定書がきっかけとなり，気候変動防止を求める世論と運動が世界的に高まった．先進国では再生可能エネルギーへの投資が増えた．政策手段に関する知識も広がり，炭素税や排出権取引のような経済的手段への関心が高まった．その一方で，京都議定書に対する不満の声も上がった．米国政府に言わせれば，京都議定書は不公平なものであった．すべての国が参加しているわけでもなければ，排出量の多い中国とインドなどは発展途上国であることを理由に削減義務を免除されていたからで

あった．しかし，EU に言わせれば，米国のこのような不満は責任放棄のための口実でしかなかった．

前述したとおり，2001 年に京都議定書を離脱した米国は，京都議定書第一次約束期間が終わる 2012 年以後を見据えて，京都議定書とは異なる新しい体制づくりに乗り出した．オーストラリアや日本のように規制的手段の導入に消極的な国は米国に同調した．国際交渉の末，2015 年 12 月にパリで開かれた気候変動枠組条約第 21 回締約国会議（COP21）で，パリ協定（Paris Agreement）が採択された．かくして，1997 年 12 月に成立した京都議定書体制は幕を下ろすことになった．

パリ協定には，京都議定書より厳しい長期目標が盛り込まれた．IPCC 報告書の科学的知見を受け入れ，「気温の上昇を産業革命以前の世界平均気温と比較して 2℃未満に抑制し，さらに 1.5℃以下に押さえる」という目標が明記された．参加国の範囲においても，すべての国がそれぞれの削減目標を策定し，国内対策を講じていくこととなった．気候変動条約の「共通だが差異のある原則」は引き続き尊重されることにはなったものの，京都議定書とは違って，パリ協定においては発展途上国も排出削減目標を策定し，排出抑制に努力しなければならなくなった．その一方で，京都議定書にはあった法的拘束力はパリ協定には導入されなかった．削減の数値目標を国際交渉によって決める京都議定書の方式も，パリ協定では各国政府が自主的に決める方式に変わった．柔軟性メカニズムの仕組みも，緩和対策の成果の移転を参加国間で任意に行い，それを締約国が承認する方式に変わった．[266]

パリ協定は 2016 年 11 月 4 日に発効した．京都議定書の時とは違って，大口排出国の米国と中国はパリ協定の発効に積極的であった．こうしてパリ協定という新しい体制が出発することになった．しかし，パリ協定体制で温室効果ガス削減の実効性が確保できるかどうかは各国の取り組み次第である．残念ながら，楽観はできない．案の定，2017 年 6 月 1 日に米国のトランプ（D. J. Trump）大統領はパリ協定から離脱すると表明した．理由は，自国の石炭産業や製造業を保護し，雇用を拡大するためだという．それに，発展途上国のための資金拠出は不公平だという理由も付け加えら

れた.世界二酸化炭素排出量の約 15%を占めている米国の参加がなければ,パリ協定の目標達成は難しい.トランプ大統領の離脱表明に対しては,海外からは言うまでもなく,米国国内からも批判が殺到している.パリ協定のルール上,離脱を通告できるのは発効から3年後であり,実際の脱退は通告からさらに1年後と定められている.今後の帰趨が注目される.[267]

# 第 9 章　気候変動の政治

# 第10章　政治過程上の課題

## 1. 政策転換の阻害要因

　持続可能な発展のための政策転換には困難が伴う．環境的持続可能性の原理を他の政策分野に統合することに対して，既得権勢力は政治的に強く抵抗する．環境政策には規制が伴いがちであるが，経済成長を重視する政府，産業界及び有権者は規制ではなく開発を好む．財源や権限をめぐる省庁間の対立や縦割り行政も，部門横断的な環境政策統合を妨げる．

　第1に，一般的に，経営者団体，労働組合，農民団体などの生産者集団は環境政策に伴う規制を歓迎しない．生産者集団に言わせれば，規制は費用の増加，利潤又は賃金の低下を意味するからである．このような事態を回避するため，生産者集団は利益団体を作り，政治に圧力を掛ける．富の分配をめぐっては互いに対立する経営者団体と労働組合も，経済成長に関しては利害が一致している．経済的利害関係を中心に組織されているがゆえに，生産者集団は凝集力が強く，豊富な資金と情報，そして人的ネットワークに恵まれている．したがって，生産者集団の政治的影響力は環境運動より強く，より安定的で持続的である．生産者集団は，経済成長がもたらす利益をさらに拡大するため，組織を挙げて政治に圧力を掛けている．持続可能な発展に向けた政策転換が起こりにくいのは，このような生産者集団の力が働いているからである．[268]

　たとえば，米国政府が気候変動政策に消極的なのは，石炭・石油業界のロビー活動に影響されているからである．世界気候連合のようなエネルギー業界の圧力団体は，巨額の資金を使って気候変動の科学的根拠を疑う研究を支援するとともに，京都議定書を批判する広報活動やロビー活動を行ってきた．気候変動対策は経済に悪影響を与える，発展途上国が参加しない京都議定書は不公平である，といった言説は，産業界のこのような活動によって広がった[269]．環境先進国と言われるドイツでさえ，産業界は炭素削減の数値目標を設定することに強く反対していた．産業界は，政府の

高い数値目標は政治的なものであって，経済的費用が考慮されていない，と政府を批判していた[270]．日本の経団連も，環境省が進めようとした環境税や排出量取引制度の導入に一貫して強く反対していた．日本政府の京都議定書目標達成計画が産業界の自主的手法に頼る内容になったのは，このような利益集団政治の結果でもあった．[271]

　第 2 に，産業主義社会における政治的構造も生産者集団に有利に働く．政治家や政府は，大量生産・大量消費を通じて GDP が増加すること，すなわち経済が量的に成長することを望んでいる．産業主義国家にとって経済成長とは，税収の拡大，更なる投資，賃金所得の上昇，雇用の創出，そして，政治的支持を意味するからである．それゆえ，資本主義であれ社会主義であれ，産業主義国家においては生産者集団の物質主義的な成長の要求が政治的に優先される傾向がある．有権者についても同じことがいえる．有権者意識調査が物語っているように，有権者の最大の関心は経済的安定であり，賃金や所得の上昇である．有権者のこのような要求に応えるため，右派であれ左派であれ，既成政党は経済成長や開発の公約を掲げて選挙に臨む．つまり，産業主義国家における政治システムはそれ自体経済成長のマシーンになっているのである．脱物質主義的な価値観が広がりを見せているのも事実ではあるが，生産者集団に有利なこのような構造は依然として健在である．[272]

　たとえば，福島原発事故後の日本における世論の推移は，生産者集団に有利な政治構造の存在を象徴的に表している．福島原発事故から 9 カ月後の 2011 年 12 月，そして，事故から 2 年 8 カ月後の 2013 年 11 月に実施された世論調査を見ると，そのいずれにおいても脱原発を求める世論が多数を占めていた．「原発は減らすべきだ」という意見はそれぞれ 42.8% と 40.6% であった．「すべて廃止すべきだ」という回答もそれぞれ 28.4% と 27.6% であった．一方，「現状を維持すべきだ」という意見は 21.3% と 25.2%，「原発を増やすべきだ」という意見は 1.7% と 1.8% であった．つまり，原発事故の影響で，「原発をすべて廃止」するか，少なくとも「減らしていくべき」と考える人は，全体のおよそ 7 割を占めるようになっていたのである[273]．ところが，この二つの世論調査の間に行われた 2012 年

持続可能な発展の政治学

　12月16日の衆議院選挙において，有権者の最大の関心事は原発問題ではなかった．有権者が最も重視していたのは景気及び雇用(46%)であった．その次の関心事は社会保障及び年金問題（44%）であった．その次が原発問題（30%）であった．あれだけ深刻な原発事故を経験しているにもかかわらず，選挙での最大の関心は依然として経済成長であった274．この選挙では，原発推進派の自民党が圧勝を収めた．自民党は原発問題には触れず，経済成長に重きを置く戦略で選挙に臨んでいた．再び政権を握った自民党は，民主党政権が策定したばかりの脱原発のエネルギー戦略を白紙に戻した．

　第3に，閉鎖的な政策コミュニティ（policy community）も政策の転換を妨げる．一般的に，政策の大筋は多様なアクターからなる政策ネットワーク（policy network）の中で形成される．政策ネットワークには，考え方が異なっても参加しやすいものもあれば，異質的なアクターを排除する閉鎖的なものもある．民主主義政治体制においても，エネルギー，農林水産，国土建設に関する政策ネットワークは他の分野と比べて閉鎖的になる傾向がある．このような閉鎖的な政策ネットワークのことを，政策科学分野では政策コミュニティと呼ぶ．政策コミュニティは，政策パラダイムや政策手段に関する考え方が同質的なアクターから構成され，異質的なアクターの参入を排除する傾向がある．政策コミュニティの主要アクターは，その政策分野の主務官庁と関連業界の代表，そしてこの両者をつなぐ政治家や専門家からなる．政策コミュニティのメンバーは，利益の共有を通じて互いに心地良い関係を形成し，その関係を維持しようとする．それゆえ，新しい政策アイデアや政策手段の導入はより一層難しくなる．275

　たとえば，英国の交通政策は，自動車産業，エネルギー業界，道路建設業界からなる閉鎖的な政策コミュニティによって牛耳られてきた．その結果，交通政策においては自動車交通及び道路建設が最も重視され，鉄道や自転車など，持続可能性を重視する交通インフラの整備は後回しされてきた．同じことは日本の公共事業に対してもいえる．日本で道路やダムの建設など無駄な公共事業が後を絶たなかったのは，閉鎖的政策コミュニティによる利益誘導システムが形成されていたからである．ヨーロッパにおけ

る農業政策も事情は同じである．戦後の農業政策は食糧増産を最も重視する政策コミュニティによって支配されてきた．それゆえ，農業政策では化学肥料，殺虫剤，工場型飼育など，生態学的に健全でない農法が奨励された．エネルギー政策，特に原子力政策に対しても同じことがいえる．英国の場合，原発推進政策は原子力の使用に友好的な政治家，科学者及び電力業界からなる閉鎖的な政策コミュニティによって守られてきた．日本のエネルギー政策の事情も同じである．福島原発事故後は「原子力村」という言葉が人口に膾炙しているが[276]，この言葉は原発推進を守ろうとする閉鎖的な政策コミュニティの存在を批判する意味で使われている．このような閉鎖的な政策コミュニティは，既得権を守るため，新しい政策手段の導入や政策パラダイムの変更に強く抵抗する傾向がある．[277]

## 2. 政策転換の促進要因

　持続可能な発展に向けた政策転換が容易でないのは，このような阻害要因があるからである．しかし，だからといって，政策の転換がまったく不可能なわけではない．政策環境の変化によって，それまで支配的だった政策コミュニティの影響力が急速に弱まり，オルタナティブな政策アイデアを中心に新しい政策ネットワークが形成されることもあり得るからである．N. カーター（Carter）によると，このような変化は，突然の危機，新しい問題の出現，国際環境の変化，社会運動，政治変動といった外的要因によって引き起こされる．[278]

　第1に，突然の事故や危機によってそれまで支配的だった政策が正当性を失い，新しい政策への窓が開く場合がある．たとえば，1986年4月に旧ソ連（ウクライナ）で発生したチェルノブイリ原発事故は，原発に頼るエネルギー政策への信頼を失わせ，世界的に脱原発の世論が高まるきっかけとなった．ドイツの社会民主党（SPD）は穏健左派でありながら原発推進に賛成していたが，チェルノブイリ原発事故がきっかけとなり，党内で脱原発を求める声が広がり始めた．社民党は1998年選挙で勝利を収め，脱原発派の緑の党と連立政権を組み，段階的な脱原発へとエネルギー政策

の舵を切った．ところが，2005年には穏健右派政党のキリスト教民主同盟（CDU）が中心となった連立政権が樹立され，廃炉予定の原子炉に対して寿命延長を認めるなど，脱原発路線に後退の動きが見られた．その矢先の2011年3月に日本で福島原発事故が発生した．技術先進国日本での原発事故を目の当たりにしたドイツ政府は，原発寿命延長の方針を撤回し，脱原発路線に復帰したのである．当然ながら，福島原発事故は事故当事者である日本のエネルギー政策にも大きな影響を与えた．原子力に頼ってきた従来のエネルギー政策は急速に正当性を失い，脱原発という新しいパラダイムが広く支持されるようになった．事故当時の民主党政権は，討論型世論調査という社会的熟議の手法を使って世論の動向を確認し，段階的脱原発を内容とする新しいエネルギー戦略を策定した．[279]

第2に，既存の対策では解決できない新しい問題が発生した場合，政策が変わる可能性がある．たとえば，化石燃料に頼ってきたエネルギー及び産業政策は，気候変動という新しい問題に直面して，政策の転換を余儀なくされている．化石燃料から排出される二酸化炭素は地球温暖化による気候変動の主因であることが判明したからである．それ以来，二酸化炭素の排出を抑制する低炭素経済への転換が，エネルギー政策の新しいパラダイムとして世界的に受け入れられるようになった．従来の化石燃料ベースのエネルギー政策だけでは，気候変動という新しい問題に適切に対応することができなくなったからである．とりわけ，先進工業国の中ではドイツの政策転換が注目に値する．ドイツ政府は再生可能エネルギーを普及する政策を積極的に行っている．特に，再生可能エネルギーで生産された電気を電力会社に固定価格で購入してもらうことを義務づけた制度が功を奏し，エネルギー消費に占める再生可能エネルギーの割合が増えつつある．このような政策転換に対しては産業界からの反対もあった．しかし，気候変動のリスクに関する知識や情報が広く浸透するにつれ，化石燃料に基礎を置いたエネルギー政策は次第に支持されなくなったのである．[280]

第3に，政策は国際環境の変化によっても変更されうる．たとえば，1985年3月に締結されたウィーン条約は，オゾン層破壊ガスに対する規制を署名国に義務づけるものであった．宇宙から降り注ぐ有害な紫外線を遮断す

るオゾン層は，人間や生態系を保護する上で欠かせない存在である．ところが，冷媒，電子部品の洗浄剤，スプレーの噴射剤などに使われるフロン（CFC）ガスによってそのオゾン層が破壊されていることが科学的に判明した．ウィーン条約はこのフロンガスを規制する条約であった．当初，日本はウィーン条約に署名しなかった．フロンは半導体生産工程で洗浄剤として使われていたため，日本政府は規制による半導体産業への悪影響を恐れていたのである．対照的に，当時の最大排出国だった米国は規制に積極的であった．国内でオゾン層破壊を憂慮する世論や環境運動が高まっていたからである．米国は非締約国に対する輸入規制の意向をほのめかしながら，非締約国に外交的な圧力を掛けた．さらに，世界フロンガス市場の25%を占めていたデュポン社も，フロンガスの使用を段階的に中止するという方針を表明した．技術的に代替物質の商用化に目処がついていたからであった．このような国際環境の変化を受け，日本国内でもオゾン層保護とフロン規制を求める動きが広がった．1987年9月，日本政府はオゾン層破壊物質の規制に関するモントリオール議定書に同意し，翌年9月に同議定書及びウイーン条約を批准した．その後，日本政府はオゾン層保護に関する法律を制定し，フロンガスの規制に乗り出した．[281]

第4に，政策の窓は社会運動や世論によっても開かれる．環境政治の歴史を見れば分かるように，政府や企業が環境問題の解決に積極的になるのは，国民が怒り，対策を求める運動や世論が高まっている時である．たとえば，日本政府が公害問題の解決に取り組むようになったのは，公害反対の住民運動という圧力があったからであった．国より先駆けて公害対策を進めたのは，公害反対の世論や運動が高まっている地域の自治体であった．これらの地域では，世論の支持を背景に環境派の首長が誕生し，公害防止協定や行政指導を通じて独自の環境対策を講じたのである．公害訴訟運動も公害対策の流れを作る上で有効な手段であった．被害者の住民と有志の弁護士や大学研究者の努力で企業の責任を追及する法理が作られ，裁判で原告の住民側が勝利する例も増え始めた．[282]

第5に，政治変動も政策転換をもたらす．たとえば，ドイツのエネルギー政策を低炭素及び脱原発へと転換させたのは，1998年に樹立された赤緑

連立政権であった．気候保護の対策として炭素税が導入されたのも，赤緑連立政権の発足後であった．政策内容については政治的妥協もあったものの，赤緑連立政権はエネルギー政策のパラダイムを根本的に転換させることに成功した．政権交代によってエネルギー政策が変更される現象は日本でも確認できる．福島原発事故後，民主党政権は討論型世論調査の結果を踏まえて段階的脱原発を内容とする新しいエネルギー戦略を策定した．ところが，その直後に行われた選挙で民主党は自民党に敗れ，政権は再び原発推進派の自民党へ移った．民主党の敗北の最大原因は脱原発政策ではなかった．直接の原因は政権運営における与党としての不手際であった．それにもかかわらず，自民党への政権交代によって，脱原発のエネルギー戦略は白紙に戻された．[283]

以上で検討した諸要因は現実世界では互いに複雑に影響し合う．政策の変化を阻害又は促進する複数の要因を同定し，それらの間における複雑な因果関係を解明することは，持続可能な発展の政治学における重要な課題である．

## 3. エコロジー的市民性

持続可能な発展に向けた政策転換を成し遂げるためには，その必要性を理解し，それを支持する市民の存在が欠かせない．このような市民のアイデンティティーを環境政治学ではエコロジー的市民性（ecological citizenship）と呼ぶ．エコロジー的市民性は，一般的な意味での市民性を包含しながらも，それを超越する意味の概念である．[284]

第1に，市民概念の背景となった民主主義の歴史は道徳的考慮対象の範囲が拡大されてきた歴史でもある．当初は財産のある人々に限定されていた政治的市民権は，大衆の政治意識の発展と社会運動によって，労働者，女性，社会的弱者へと，次第に拡大されてきた．エコロジー的市民性はその政治的市民権を，未来の世代，動物，植物，ひいては自然そのものにまで拡大適用することを求めるアイデンティティーである．エコロジー的市民は，人間以外の存在に内在している固有の価値を見つけ出し，それを守

ることを政治的権利として認めようとする．このようなエコロジー的感受性こそ，従来の市民性にはなかったエコロジー的市民性の特徴である[285]．

第2に，エコロジー的市民は環境的持続可能性を何より優先的に考える存在である．それゆえ，エコロジー的市民は物質的欲望から自分を解放しつつ，環境への負荷を減らそうとする．このような実践は契約や見返りによるものではなく，自発的な責任感によるものである．その責任感は私益の域を超えるものであって，エコロジー的市民は自分の利益だけでなく，他人，他国，未来世代，そして人間以外の存在の利益のためにエコロジー的責任を果たそうとする．[286]

第3に，伝統的な市民概念は主に公的な領域で活動する存在としての市民を意味していた．しかし，エコロジー的市民には私的な領域も市民としての重要な活動の場となる．生まれてから死ぬまで，人間は生態系の恩恵にあずかり，限りのある資源やエネルギーを日常的に消費し，あらゆる廃棄物を排出する．エコロジー的市民は，このような日常の行為が環境的持続可能性を劣化させていることに気付き，生活様式の見直しに取り組む存在である．したがって，エコロジー的市民性においては，公的な領域における実践だけではなく，私的な領域における実践も公共的に重要な意味を持つ[287]．

第4に，伝統的な意味での市民性は国民国家を前提に形成されたアイデンティティーである．しかし，エコロジー的市民性とは国境に縛られない越境的なアイデンティティーである．オゾン層破壊や気候変動のような地球環境問題は一国だけの問題でもなければ，地球上の一部の地域に限る問題でもない．資源の枯渇や環境の劣化に伴う政治的不安定，原発事故や核戦争のリスクに対しても同じことがいえる．これらの問題は地方的な問題でありながらも，その本質においては越境的で地球的な問題でもある．このような問題に対応するためには，ローカル，ナショナル，そしてグローバルといったレベルにおける重層的で複合的な取り組みが必要となる．エコロジー的市民性はこのような取り組みを可能にする越境的なアイデンティティーである．[288]

持続可能な社会に向けた政策転換を成し遂げるためには，以上で検討し

たような政治過程上の諸課題を解決する必要がある．エコロジー的市民性を育んだ市民層が厚くなればなるほど，その実現可能性は高まるはずである．この点からして，エコロジー的市民性を育む教育及び実践の機会を増やすことも，持続可能な発展には欠かせない重要な課題である．

# 第10章　政治過程上の課題

# 第 11 章　環境的持続可能性と民主主義

## 1. 民主主義政治体制

　多数の同意による支配という民主主義の原理は現代政治において普遍的価値として受け入れられている．ところで，このような民主主義は環境的持続可能性という目標と両立し得るものであろうか．持続可能な発展のための政治のあり方を考える上で，この問いは避けては通れない．

　民主主義論の歴史は古く，古代ギリシャのアリストテレス（Aristoteles）にまで遡る．アリストテレスは二つの基準を用いて政治体制を分類した．一つは統治者の数, すなわち統治する者が一人なのか，少数の集団なのか，多数なのかという基準である．もう一つは統治の質，すなわち善き統治なのか，それとも腐敗した統治なのかという基準である．彼の言う善き統治とは，支配者の多少に関わらず，人民全体の利益のために行われる統治を意味する．逆に，腐敗した統治とは，支配者の多少に関わらず，権力が私物化され，支配者の私利のために恣意的に行われる統治を指す．この二つの基準を掛け合わせると，政治体制は図表 8 のように六つに分類することができる．[289]

図表 8　アリストテレスの六政体論[290]

|  | 一人による統治 | 少数による統治 | 多数による統治 |
|---|---|---|---|
| 善き統治 | 君主政 Monarchy | 貴族政 Aristocracy | ポリティア Polity |
| 腐敗した統治 | 専制政 Tyranny | 寡頭政 Oligarchy | 民主政 Democracy |

　まず，君主政とは一人の君主によって善き統治が行われる政治体制である．アリストテレスによると，この君主政が腐敗すると，非合法的に政権

を奪取した僭主によって独裁が行われる専制政に変質する．一方，貴族政とは数名の優秀な人物によって行われる善き統治を意味する．当時の貴族という言葉は世襲貴族という意味よりは，勇敢で優秀な，最上の者という意味を持っていた．この貴族政が堕落すると寡頭政になる．寡頭政では，数名の実力者によって自分たちの利益のための腐敗した統治が行われる．他方，ポリティアは多数による善き統治が行われる政治体制である．アリストテレスの言うポリティアは，今日における理想的な民主主義体制のイメージと重なるところが多い．このポリティアが堕落すると，アリストテレス的な意味での民主政になる．彼の言う民主政とは，多数者としての民衆が扇動家に翻弄され，政治的に暴走する政治体制を指す．[291]

　アリストテレスは，多数によって善き統治が行われるポリティアを最上の政体と考えていた．なぜなら，アリストテレスはいわば集団的知性に信頼を寄せていたからである．彼によれば，大勢の人々が出費して手を尽くした饗宴のほうが，一人の金持ちが備える饗宴より立派なものになる可能性が高い．また，音楽や詩に対する評論に対しても同じことがいえるという．多く人々の感想を総合すれば，一人又は少数の評論家の評論よりも内容が豊かになるはずだからである[292]．その一方で，貴族出身のアリストテレスにとって，アテネの民主政は気まぐれで非合理的な群集心理に動かされる衆愚政治のイメージで映っていた[293]．それにもかかわらず，アリストテレスは少数の優秀な者による統治よりも，多数による統治の方が好ましいと考えていた．アリストテレスのこのような考え方は，近代民主主義思想にも受け継がれている．

　一方，現代政治学，とりわけ比較政治学の分野において，政治体制は民主主義体制と非民主主義体制に大別される．一般的に，民主主義体制（democratic regimes）はR. A. ダール（Dahl）が定式化したポリアーキー（polyarchy）のイメージで理解されている．ダールは，理想としての民主主義に最も近い現実世界の政治体制をポリアーキーと名付けた．図表9が示しているように，多数支配という意味のポリアーキーは公的な異議申し立てが自由に行われる体制であると同時に，政治参加の機会が一般市民に広く開かれている政治体制である．ポリアーキーにおいて市民は政

治的に自由で平等である．ただし，ダールも指摘しているように，大企業や多国籍企業の経済的権力が増大することによって，市民の政治的自由や平等が実質的に損なわれる可能性もある．歴史的に見れば，近代市民革命以後のフランス，英国，米国，そして戦後のドイツや日本などに見られる政治体制がポリアーキー，すなわち一般的な意味における民主主義体制に分類されている.[294]

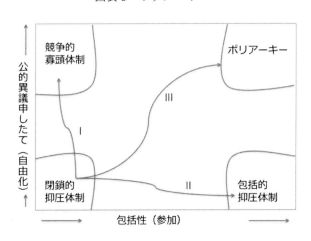

図表9　ポリアーキー[295]

　非民主主義政治体制はさらに全体主義体制（totalitarian regimes）と権威主義体制（authoritarian regimes）に分類される．全体主義体制は社会構成員の政治的自由や平等が完全に否定される政治体制である．全体主義体制では国家に背くことや抵抗することは許されず，国家イデオロギーによる監視や処罰が日常化されている．個人の思想や私生活に至るまで，すべてのことは国家の統制下に置かれる．当然ながら，政党間の多元的な競争もありえない．全体主義政治体制の典型例は，1920年代から1930年代にかけて登場したイタリアのファシスト政権やドイツのナチス政権，旧ソ連のスターリン政権などである．全体主義体制の統治スタイルは，G. オーウェル（Orwell）の反ユートピア小説『一九八四年』に象徴

## 第 11 章　環境的持続可能性と民主主義

的に描かれている.[296]

　もう一つの非民主主義体制は権威主義体制である．全体主義体制とは違って，権威主義体制では国家イデオロギーによる大々的な国民動員は行われない．制限的ではあるが政党間の競争も認められる．しかし，政治的自由及び参加は大幅に制約され，野党又は社会からの民主化要求は政権によって弾圧される．たとえば，1960 年代から 1970 年代にかけてラテンアメリカやアジア地域で登場した軍部政権は，経済成長と反共を口実に民主化運動を弾圧し，権威主義的な統治を行っていた．開発独裁とも呼ばれたこのような軍部政権は権威主義政治体制の典型例である.[297]

　現代政治学において，非民主主義体制から民主主義体制への政治変動は政治発展の証と見なされる．S. P. ハンチントン（Huntington）によると，非民主主義体制から民主主義体制への政治変動には歴史的に三つの大きな波があった．民主化の第一波は，19 世紀末から 20 世紀初頭にかけて，アメリカ，フランス，イギリスで発生した．民主化の第二波は，第二次世界大戦後に西ドイツ，イタリア，オーストラリア，日本，ブラジル，アルゼンチン，ペルー，ベネズエラで起こった．そして第三波は，1970 年代から 80 年代にかけて，ギリシャ，スペイン，ラテンアメリカ，アジアに押し寄せた．勿論，この三つの波の谷間に当たる時期には，権威主義への政治変動も起こっていた．それにもかかわらず，その後も民主化の波は世界各地に広がった．1980 年代後半には旧ソ連や東ヨーロッパで民主化の波が起こった．21 世紀に入ってからは中東地域にも民主化の波が広がった.[298]

### 2. 懐疑論と擁護論

　ところで，このような民主主義体制は持続可能な発展における環境的持続可能性の原理と両立しうるものであろうか．この論点をめぐっては懐疑論と擁護論が対立している．ここでは環境政治学分野の研究成果を中心に，それぞれの主張の論点を要約してみることにしたい．

　まず，民主主義懐疑論者に言わせれば，民主主義と環境保護の間には理

論上の直接的な繋がりは存在しない．むしろ，民主主義体制，とりわけ私有財産の保護や経済活動の自由を重視する自由民主主義（liberal democracy）体制は，環境的持続可能性を損なう恐れがある．それは次のような理由からであるという．[299]

　第1に，民主主義においては，政府が必要な規制を行うことが容易ではない．なぜなら，民主主義は個人の自由を尊重する政治体制だからである．特に，市場民主主義体制においては，政府による経済への介入は経済活動の自由に対する侵害と見なされる傾向がある．環境的持続可能性を維持していく上では政府による介入が必要となるが，個人の自由という理念に基礎を置く民主主義体制においては，環境的持続可能性を維持するための規制や市場への介入は難しくなる．

　第2に，民主主義体制では利益集団（interest group）による政治活動が自由に行われる．利益集団は組織を挙げて政治家，政党，政策エリートに圧力を行使する．このような政治活動の目的は，その集団の特殊利益を公共政策に反映させることである．民主主義体制における政策は，このような利益集団政治によって左右される傾向がある．しかも，利益集団政治で有利になるのは，経営者団体，労働組合，農業団体などの生産者側である．生産者集団は経済成長や開発において政府と利害関係を共有しているばかりか，資金，人的資源，組織力，情報の面でも恵まれており，政治家や官僚組織との太い繋がりを持っている．それゆえ，民主主義体制においては，生産者側の生産，開発，経済成長に関する関心が環境的持続可能性に関する関心より優先される傾向がある．

　第3に，環境的持続可能性に関わる問題は非常に複雑であり，適切な対策を講じるためには専門知識が必要である．ところが，民主主義はアマチュアリズムに基礎を置いている．有権者は言うまでもなく，選挙で選ばれる政治家のほとんどは環境問題の専門家ではない．環境的持続可能性を維持するためには，経済活動に規制を行う必要があるが，非専門家の有権者や政治家は規制の必要性について十分理解することができない．それゆえ，民主主義政治体制においては，環境規制は敬遠される一方，開発を助長する政策が歓迎される傾向がある．

第 11 章　環境的持続可能性と民主主義

　このような理由から，懐疑論者は環境的持続可能性と民主主義体制の両立は難しいと考えている．懐疑論者に言わせれば，環境的持続可能性に合う政治体制は，むしろ非民主主義政治体制の方である．

　他方，民主主義擁護論者は懐疑論を批判している．緑の党を始めとするほとんどの緑の政治勢力も，民主主義体制こそ環境的持続可能性と両立できる体制であると考えている．その論拠は次のとおりである．[300]

　第1に，まず環境的持続可能性以前の問題として，非民主主義体制は善き政治体制とはいえない．たとえば，自然保護に力を入れていたナチス政権は人類史上最も暴力的で残酷な政権であった．帝国自然保護法を成立させた1935年に，ナチス政権はニュルンベルク人種法を成立させ，ユダヤ人にドイツ人より低い市民権を与える差別政策を行った．その翌年には四カ年計画を策定し，戦争準備に突入した．周知のとおり，ナチス政権の人種主義と侵略戦争は，許すことのできない非人道的な殺傷と環境の破壊をもたらした．[301]

　第2に，それに，F. ユケッター（Uekoetter）が指摘しているとおり，自然保護はナチス政権という全体主義体制の発明品でもなければ，非民主主義的なイデオロギーが生み出したものでもなかった．ナチス党が政権を取る以前から，自然保護の問題はすでにヨーロッパ諸国の関心事であった．工業化と都市化が自然環境に大きな変化を引き起こしていたからである．また，ナチス政権の自然保護政策は一貫性にも欠けていた．自然保護法を成立させたナチス政権は，その後，行政機関が自然保護法の規程を無視するのを傍観し続けたのである．ナチス政権に協力した自然保護主義者たちもナチス党の政治理念に惹かれていたわけではなかった．彼らは，自然保護という自分たちの目標に有利なものである限り，ナチス政権とのいかなる協調関係も問題としなかっただけであった．[302]

　第3に，環境問題のような複雑な問題の解決に向いているのは，非民主主義体制ではなくむしろ民主主義体制である．なぜなら，複雑な問題であるほど，その解決には情報公開，広範な参加，複数の代替案の提示，自由な討論といった民主主義的な政策決定過程が必要となるからである．ところが，非民主主義政治体制の中にはこのような機制が存在しない．民主主

義体制とは違って，非民主主義体制では批判や異議申し立てが自由に行われない．政府や企業に不利な情報は公開されず，住民による抗議は権力によって抑圧され，言論統制を通じて問題そのものが隠蔽される．実際に，1970年代以来公害や環境問題に積極的に取り組んだのは民主主義政治体制の国々であった．非民主主義政権は，本当は環境の面で深刻な問題を抱えていながらも，環境運動を弾圧し，問題の存在そのものを隠蔽していたのである．[303]

第4に，懐疑論者は権威主義体制の利点として意思決定の速さを挙げている．しかし，権威主義体制の「速い」意思決定が必ずしも良質の決定に繋がるとは限らない．むしろ，速い決定であったがために，問題解決に長い時間がかかる場合もある．たとえば，密室協議で迅速に決められた公共事業が地域住民の反対運動によって頓挫し，政府と住民の間には不信感だけが募る，といった事例はいくらでもある．もしその計画の初期段階で複数の代替案が提示され，広範な参加に基づいた熟議の機会が設けられていたならば，反対運動は起こらなかったはずである．また，このような過程を経て作成された計画は，密室協議で決められた計画よりもはるかに公共利益に叶う，質の良いものになる可能性が高い．[304]

第5に，環境的持続可能性を守ることは公共利益を守ることである．公共利益を守るためには，政治権力や経済権力に対する異議申し立てを恐れない市民の存在が欠かせない．このような市民は非民主主義体制では育たない．非民主主義体制が好むのは市民ではなく，権力に従順な臣民だからである．言論，出版，集会，結社の自由が保障される民主主義体制こそ，公共利益に敏感な市民が育つ最良の土壌となる．

世界各地の緑の党を始め，環境派のほとんどは民主主義を支持し，民主主義のさらなる拡張を求めている．懐疑論の指摘のとおり，民主主義政治体制と環境的持続可能性の間には直接的な繋がりは存在しないかも知れない．もしそれが事実だとすれば，同じことは非民主主義体制に対してもいえる．むしろ，自由な異議申し立てと包括的な参加が保障されない非民主主義体制の方が，環境的持続可能性という公共利益を守れない可能性が高い．その一方で，懐疑論の指摘のとおり，民主主義体制や民主主義理論

にも改善の余地はある．環境的持続可能性という新しい課題に対応するためには，理論的にも制度的にも，民主主義はさらに進化かつ深化しなければならない．この点に関しては，とりわけ次の二つの理論動向が注目に値する．一つは民主主義論のコミュニケーション的転回であり，もう一つは民主主義論のエコロジー的転回である．

## 3. 民主主義論のコミュニケーション的転回

　民主主義論のコミュニケーション的転回とは，広範な参加と討論及び熟慮に民主主義の基礎を置こうとする理論傾向を指す．このような民主主義を政治学では熟議民主主義（deliberative democracy）と呼ぶ．
　J. S. ドライゼク（Dryzek）によれば，複雑な政策課題であるほど熟議民主主義的なアプローチが必要である．たとえば，環境問題はその因果関係を特定することが容易でないうえ，開発の是非をめぐっても様々な立場が対立する．因果関係の複雑性に利害関係及び価値観の多様性まで加わり，問題はさらに複雑になる．このような状況の中でどうすればより合理的で妥当な政策決定ができるようになるのか．ドライゼクのような熟議民主主義論者は，競争でも多数決でもない，広範な参加に基づいた討論と熟慮のプロセスにその可能性を見出そうとする．様々な観点から自由に意見が述べられ，複数の代替案に対して社会的討論と熟慮が尽くされる．このような過程を経て初めて，特殊利益に偏らない，公共利益に適う結論が導き出されるという．[305]
　ただし，熟議民主主義における熟議の主体は世間で言う専門家だけに限らない．熟議民主主義の政策決定においては，専門家の専門知識と素人市民のローカル知識（local knowledge）とが同等に熟議の対象となる．たとえば，ダム建設が予定されている地域の住民は河川工学や土木工学の専門家ではない．しかし，その住民たちは生活の経験から得られた知識や知恵を持っている．熟議民主主義論によれば，このようなローカル知識は問題に対するより徹底した分析や適切な対応に役に立つ．このように，熟議民主主義は「専門家」と「素人」を横断する形で形成される集団的知性に

民主主義の基礎を置こうとする．この点において，熟議民主主義による政策決定過程は「専門家」の討論のみに基づいた科学的実証主義のそれよりも，はるかに民主的で急進的である．306

　環境派の多くは熟議民主主義が環境保護に役に立つと考えている．環境派の代名詞と言われる緑の党も，綱領の中に草の根民主主義や底辺民主主義を取り入れている．実際に，ほとんどの公害反対運動や環境運動は情報公開や計画過程への住民参加を求める運動でもあった．また，住民の反対運動に遭った開発事業は，開発という結論ありきの閉鎖的な決定過程によって計画が決められる場合が多かった．計画の初期段階で広範な参加と熟議のプロセスを設ければ，事業本来の目的と環境保護という目的を両立させる何らかの代替案に辿り着くことができるはずである．このような期待感は環境運動一般に広く共有されている．

　熟議民主主義の手法として最も注目されているのはコンセンサス会議（consensus conference）である．コンセンサス会議は，賛否両論が対立している事案に対して素人市民からなる市民パネルが組織され，その市民パネルが熟議を通じて合意形成を図る手法である．市民パネルは，専門家の助言を参考にしつつ，討論と熟慮のプロセスを経て，市民パネルとしての合意された立場を表明する．市民パネルの合意された意見は合意文書としてまとめられ，マスメディアを通じて広く公表される．この合意文書は，社会の縮図とも言える市民パネルによって熟議された世論という重みを持つ．それゆえ，合意文書に法的拘束力はないものの，政治家や政策集団はコンセンサス会議の結果を全く無視することはできない．コンセンサス会議は，1980年代にデンマークで遺伝子組み換え技術など新しい科学技術の是非を多角的に評価する手法として制度化され，今は多くの国で活用されている．307

　討論型世論調査（deliberative poll）も注目されている手法の一つである．通常の世論調査における世論は必ずしも熟考された世論とは限らない．実のところ，その世論というものは情報操作や印象操作に影響された偏った意見の算術的総和に過ぎないものである可能性すらある．討論型世論調査とは，調査対象者に学習，討論及び熟慮の機会を提供することを通じて，

世論調査の信頼性及び妥当性を高めようとする手法である．討論型世論調査では通常のような世論調査を二回実施するが，一回目の世論調査と二回目の世論調査の間に調査対象者が熟議できる機会を設ける．この期間中に参加者は，専門家による講演，グループ討論，全体会など，様々な熟議のプログラムに参加する．新しい情報や知識に接することによって，参加者の考えは変わる場合もある．このように，討論型世論調査は熟議の結果としての世論を把握する手法である．米国の大学研究者によって開発された討論型世論調査は1994年に英国で初めて実施され，それ以来18以上の国・地域で70回以上行われている．福島原発事故後，日本でも政府の主催でエネルギー政策に関する討論型世論調査が実施されたことがある．[308]

　熟議民主主義論によると，熟議の過程を通じれば人々の意見はよりいっそう公共利益に合致するようになる．環境的持続可能性という公共利益についても同じことがいえる．事業の目的，経済性，環境への影響に関する正しい情報と熟議の機会が提供されれば，人々は環境への影響の少ない代替案を選択するはずである．他方，熟議の効果に懐疑的な意見もある．熟議のプロセスはそれを歪めようとする様々な力に晒されている．それに，法的拘束力でも与えない限り，熟議によって形成された世論がそのまま政策に反映されるという保証もないからである．しかし，それでも熟議民主主義の意義は大きい．経済成長や開発が至上命令とされている昨今の時代において，熟議民主主義は環境的持続可能性という公共利益をアピールできる大切な機会と空間を提供してくれるからである．

## 4. 民主主義論のエコロジー的転回

　環境的持続可能性の観点からすれば，熟議民主主義より急進的なのは，バイオクラシー論（biocracy）と呼ばれているエコロジー論的な民主主義論である．バイオクラシー論は民主主義における考慮の対象を人間以外の存在にまで拡大しようとしている．

　実際に民主主義の歴史は市民権拡張の歴史でもあった．身分の高い者から財産のある者へ，そして貧しい者，女性，有色人種へと，民主主義はそ

の考慮対象の範囲を次第に広げてきたのである．しかし，その考慮の対象はいずれにしても人間という存在であった．古代アテネの直接民主政から現代の間接民主主義，参加民主主義，熟議民主主義に至るまで，すべての民主主義は人間による，人間のための，人間の民主主義であった．このような民主主義の射程を，動物，植物，自然，生態系など，人間以外の存在にまで広げようとしているのがバイオクラシー論である．[309]

とはいえ，バイオクラシーにおける主なアクターはやはり人間である．なぜなら，人間以外の存在は人間の言葉で政治的意志を表明することができないからである．それゆえ，人間以外の存在の利害関係は人間がそれを理解し，人間によって代弁されるしかない．しかし，その人間は人間以外の存在の利害関係を理解することができるであろうか．バイオクラシー論によると，人間は人間の言語による発話という回路を通じなくても他の存在の利害関係を理解することができるという．たとえば，赤ん坊の泣き声を聞いた母親は，子供が今何を求めているかをすぐ理解することができる．また，枯れ始めている葉っぱや赤色に染まった海を見れば，それを見た人間は今その森や海で起こっていることの意味を理解することができる．このように，人間は人間の言語で発話できない存在の声なき声を聴くことができる．そして人間は，その声なき声が訴えている利害関係に気付き，人間の民主主義という場においてその声を代弁することができる．[310]

バイオクラシー論はまだ萌芽段階の理論である．人間は人間以外の存在の利害関係を代弁することができるという主張，そして，そのための具体的な手法や制度の妥当性をめぐっては相異なる様々な意見がありうる．いずれにしても，一つ言えるのは，バイオクラシーを機能させるためにはエコロジー的に啓蒙された人間，すなわちエコロジー的市民の存在が欠かせないということである．前章で見たとおり，エコロジー的市民とは，生命圏平等主義に基づいて人間中心主義の世界観を見直そうとする存在である．それゆえ，エコロジー的市民は人間以外の存在に備わっている固有の価値を見出し，その利害関係を代弁するために行動を起こす存在である[311]．

環境的持続可能性と民主主義は両立し得るのか．この問いをめぐる論争は民主主義のあり方を考える上で重要な示唆を与えている．懐疑論の指摘

## 第 11 章　環境的持続可能性と民主主義

のとおり，環境的持続可能性を維持することと民主主義政治体制の間には直接的な関係がないかもしれない．もしそうだとすれば，同じことは非民主主義体制に対してもいえる．重要なのは民主主義政治体制に秘められている潜在能力である．非民主主義体制とは違って，民主主義体制には複雑な問題に対応できる機制や弾力性が備わっている．異議申し立ての自由，広範な参加，知る権利の保障，政府の説明責任といった要素がそれである．これらの要素は，非民主主義制度には見当たらないものである．勿論，これらの要素は環境的持続可能性を損なう方向で機能する場合もある．民主主義体制においては，環境主義者であれ開発主義者であれ，政治的には平等な権利を持つからである．しかし，これらの要素は，危険を察知し，環境的持続可能性という公共利益を守る上では欠かせないものである．

## 第 12 章　両義的可能性

### 1. 持続可能な発展という言説

　今までの章では，持続可能な発展の意味，政策，そして政治過程上の諸課題について検討を行った．この章では最後の論点として，持続可能な発展という言説に秘められている両義的可能性について考察することにしたい．結論から言えば，持続可能な発展は現状維持の言説にも現状打破の言説にもなりうる．この点を理解するためには，まず，持続可能な発展という考え方の環境言説としての位相について理解しなければならない．
　J. S. ドライゼク（Dryzek）によると，環境言説は産業主義との距離の置き方と社会像に関する考え方によって，図表 10 のように四つの言説に分類することができる．[312]

図表 10　ドライゼクによる環境言説の分類[313]

|  | 産業主義の改良 | 産業主義の克服 |
|---|---|---|
| 因習的な発想<br>（環境と経済の対立，専門家中心主義など） | 問題解決言説 | 生存主義言説 |
| 斬新な発想<br>（環境と経済の両立，広範な参加など） | 持続可能性言説 | ラディカリズム言説 |

　まず問題解決言説の場合，環境問題は事後的対応の対象それ以上のものでも以下のものでもない．規制的手法，経済的手法，市民参加型手法の中のどれに重きを置くかについては異論が存在するものの，問題解決言説における環境問題は，他の政策分野で使われる通常の方法で十分対応できる問題として語られる．つまり，他の分野の政策課題と同様，環境問題という問題は公共政策のもう一つの対象に過ぎない．それゆえ，問題解決言説

## 第 12 章　両義的可能性

においては，政治経済システムの根本的な改革やオルタナティブな社会像の提示などは重要な論点にはならない．[314]

　一方，生存主義言説は，限界，破局，生存といったキーワードからなっている．生存主義言説によると，地球の資源供給及び廃棄物吸収能力には物理的かつ生物学的限界があって，経済成長の規模はその限界を超えることができない．したがって，際限のない経済成長という考え方は妄想であり，それは，資源の枯渇や環境の悪化，やがては文明の破局をもたらしかねない．生存主義言説によると，破局を回避するためには，人口を減らし，資源及びエネルギーの処理量が増加しない定常経済の社会に移行しなければならない．産業社会の破局を予告し，産業社会からの転換を訴えているという点で，生存主義は急進的な言説といえる．その一方で，生存主義言説は，中央集権，官僚制，技術的解決策，人間中心主義といった，旧態依然とした制度や考え方に基礎を置いている．[315]

　他方，持続可能性言説は，環境的価値と経済的価値が対立しない新しい社会の実現を目標としている．つまり，持続可能性言説は持続可能な社会という，旧来の社会とは異なる独創的な社会像を提示している．ただし，このような持続可能な社会は，産業革命以来の工業化や近代化の流れと完全に決別してはいない．持続可能性言説において重要なのは，産業社会の廃止ではなく，エコロジー的な再構築である．それゆえ，産業社会を築き上げてきた従来の科学技術やマネジメント技術は，持続可能な社会への移行の手段として重宝される．さらに，持続可能性言説においては，産業社会のエコロジー的改良は経済的にも割に合うとされる．エコロジー的な技術革新は汚染処理費用の節約という効果は言うまでもなく，競争力の向上や雇用の創出といった経済効果をももたらすからである．このように，持続可能性言説は環境と経済が両立する新しい社会に向けた漸進的な改革に重点を置いている．[316]

　最後に，ラディカリズム言説は，産業主義からの距離の置き方においても，提示する新しい社会像においても，最も急進的な言説である．ラディカリズムの考え方によると，資源を保全し環境を保護しなければならない理由は人間の福祉のためだけではない．それは，生態系そのものに保護す

べき価値が内在しているからである．このように，ラディカリズム言説においては人間中心主義が解体される．急進的なエコロジストに言わせれば，人間は人間以外の存在の支配者ではない．生態系の中で，人間は人間以外の存在と同等な仲間に過ぎない．したがって，人間中心主義に基づいて築かれてきた社会は，生態系中心主義の価値観に沿って再構築されなければならない．そのためにはまず，我々の価値観が人間中心主義から生態系中心主義に変わらなければならないという．このような生態系中心主義は他の三つの言説には見当たらないものである．[317]

　この四つの言説の中で最も広く支持されている言説は持続可能性言説である．ドライゼクによると，その理由は，持続可能性言説に見られる前向きな語り方にあるという．典型的な例はブルントラント報告書である．ブルントラント報告書は「環境と経済は対立関係にあるのではなく，両立可能な関係にある」と語っている．しかも，「環境的関心を経済の中に内部化することは，経済的にも割に合う」と説いている．このように持続可能性言説は，「我々は乗り慣れている産業主義という船から別の船に乗り換えなくても，持続可能な社会という理想郷の港に着くことができる」と語りかけてくる．つまり，古くなってはいるものの，エコロジー的修繕を施していけば，産業主義という船でも持続可能な社会への航海は続けられるという．今日においては，穏健な環境団体は言うまでもなく，かつては環境運動と対立関係にあった政府や企業までもが持続可能性言説を受け入れるようになった．その背景には，このような前向きな語り方があった．

　実際に，環境と開発に関する昨今の政策は，持続可能な発展やエコロジー的近代化といった持続可能性言説に則って語られている．今はもはや，急進的な変革の必要性について語る時でさえ，持続可能な発展や持続可能な社会といった言葉が使われている．ドライゼクの分類法における持続可能性言説とラディカリズム言説という区分は，持続可能性言説の中の改良主義と急進主義という区分に取って代わられたともいえる．たとえば，原生林を伐採する代わりに人工造林事業を行う企業は，それを持続可能な発展という．その一方で，原生自然の保護を主張するエコロジストは，企業による人工造林事業をまやかしの持続可能な発展と非難し，真の意味での

第 12 章　両義的可能性

持続可能な発展は原生林の保護であると主張する．両方とも持続可能な発展について語っているものの，それぞれ言っていることの意味は全く違う．

持続可能性言説をめぐるこのような変化は，肯定的にも否定的にも捉えることができる．以下においては，このような変化に秘められている両義的可能性と，その政治的含意について考察してみたい．

## 2.　多義性の地平

第 1 章で検討したとおり，持続可能な発展は競合的で多義的な概念である．その端的な例は，弱いレベルの持続可能な発展（weak sustainable development，弱い SD）と強いレベルの持続可能な発展（strong sustainable development，強い SD）という区分である．前者の弱い SD においては，構造的な改革より技術的手段による問題解決の方に対策の重点が置かれる．環境的持続可能性については，それは人間の福祉に欠かせない条件だからこそ必要とされる．対照的に，後者の強い SD においては，地球生態系の許容範囲を超えないことに対策の重点が置かれる．環境的持続可能性についても，自然には保護すべき固有の価値があるからこそ保護するという考え方が支配的になる．勿論，弱い SD と強い SD の間にはグラデーションの領域が存在する．たとえば，SD の強度を示す直線上において，原点から出発して弱い SD の方に進めば進むほど，現状打破の意味は薄くなる．逆に，強い SD の方に進めば進むほど，持続可能な発展の意味は急進性を帯びるようになる．[318]

一方，第 7 章で検討したとおり，公平性（equity）の次元も，持続可能な発展という概念の多義性を増幅させる原因である．公平性の中で最も一般的なのは，ブルントラント報告書に見られる世代間公平，すなわち未来世代の基本的ニーズの充足可能性を損なわずに現世代の基本的ニーズを充足する，という意味での公平性である．もう一つは，同世代における公平性という次元である．これは，環境破壊に伴う被害が社会的弱者に集中することを不公平と捉える考え方であり，限りのある共有財産としての資源を豊かな国々が先占して消費してきていることに対する批判でもある．

また，地理的な次元における公平性もある．たとえば，豊かな国から貧しい国への公害輸出や国境を超える環境汚染などは，地理的次元における不公平の問題である．さらに，公平性の問題は政策決定過程への参加という文脈の中にも存在する．たとえば，低所得層，発展途上国，先住民の声が政策決定の場に届き難くなっていることは持続可能な発展においては不公平なことであり，持続可能な発展を妨げる要因でもあるといえる．このように，公平性の意味の違いによっても持続可能な発展の意味は少しずつ変わってくる．[319]

興味深いことに，環境的持続可能性と社会経済的平等を基準に持続可能な発展の意味を分類しようとする研究も行われている．B. ホップウッド（Hopwood）らの研究によると[320]，持続可能な発展の意味は，図表 11 のとおり現状維持（status quo），改良主義（reform），変革（transformation）という三つの領域に大別される．

図表 11　持続可能な発展の中の多義性[321]

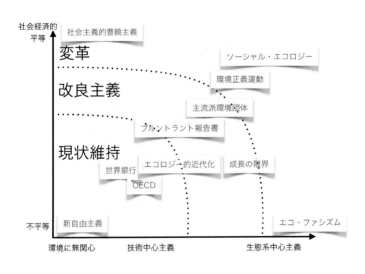

まず，現状維持という領域は，持続可能な発展が唱えられてはいるもの

の，実効性のある対策はほとんど講じられていない状況を表している．典型例は，新自由主義寄りの持続可能な発展論である．この類の言説における持続可能な発展という言葉は，持続的開発又は持続的経済成長とほぼ同じ意味で使われている．自由という概念は主に企業のための自由として解釈され，富の再分配は自由の侵害とされる．それゆえ，福祉政策及び環境政策は大幅に後退し，持続可能な発展は政治的レトリックに過ぎなくなる．たとえば，世界銀行や OECD も持続可能な発展という言葉を頻繁に使ってはいるが，その重きはあくまでも開発及び経済成長に置かれている．このような言説は結局のところ現状維持に帰着する．持続可能な発展における環境的持続可能性や社会経済的平等という意味は否定されるか，骨抜きされる．[322]

一方，改良主義という領域は，現状打破の必要性は認識されているものの，肝心な対策は漸進的改良主義の域に留まっている状況を表す．この領域では，資源の枯渇や環境の破壊は深刻な問題とされる．また，問題を解決するためには環境的持続可能性を念頭においた対策を積極的に取らなければならない，という認識も広く共有されている．さらに，この領域は基本的ニーズにおける平等という考え方に対しても寛容的である．その一方で，具体的な対策は効率性の向上といった改良主義的なものが主流を占め，価値観や政治経済システムの根本的な変革は二の次にされる．この領域においては税制や価格メカニズムの改革といった経済的手段の導入は急進的対策と見なされる．ブルントラント報告書を含む穏健な主流派環境団体の持続可能な発展論がこの範疇に当たる．[323]

持続可能な発展が最も急進的な意味を帯びるのは，変革という領域においてである．ここで言う変革とは，基本的ニーズの充足における平等及び環境的持続可能性の増進に向けて既成の政治経済システムを根本的に改革することを意味する．たとえば，ソーシャル・エコロジー（social ecology）思想がそれに当たる．この思想によると，不平等であれ環境破壊であれ，本質的な問題は人間及び自然に対するヒエラルキー的な支配関係にある[324]．したがって，貧困問題と環境問題を根本的に解決するためには，人間と人間との関係及び人間と自然との関係におけるヒエラルキー的

な支配構造を解体しなければならない．そうした上で，小規模で自給自足的な共同体をつくり，その自治共同体との間に水平的で緩やかな協力のネットワークを形成することが必要である．自然生態系と調和した持続可能な生活は，このような新しい社会関係の中で初めて実現可能になる．ソーシャル・エコロジストに言わせれば，このような社会こそが真の意味での持続可能な社会である．これは，ブルントラント報告書を含む改良主義的な持続可能な発展論には見当たらない問題意識である．環境的持続可能性という視点に欠けている社会主義的豊饒主義や，平等又は公平性の観点に欠けているエコ・ファシズム思想に対しても同じことがいえる．[325]

## 3. 二つの契機

それでは，このような多義性の地平は持続可能な発展の政治にどのような影響を与えうるか．少なくとも二つの可能性が考えられる．

一つは，持続可能な発展の意味が形骸化されてしまう可能性である．ドライゼクの比較分析のとおり，持続可能な発展は決して急進的な考え方ではない．ブルントラント報告書に代表される持続可能な発展論はむしろ改良主義的な言説である．たとえば，生態系中心主義の立場からすれば，ブルントラント報告書は成長至上主義との政治的妥協の産物に過ぎない．経済成長の質を変える必要性について力説してはいるものの，ブルントラント報告書は地球許容能力と経済成長の限界については否定でも肯定でもない曖昧な態度を取っている．急進的なエコロジストに言わせれば，このような持続可能な発展論は現状維持のための政治的レトリックに過ぎないばかりか，真の意味での持続可能な発展の妨げになる．このような批判は，持続可能な発展の内容の形骸化又はさらなる保守化の可能性を示唆するものである．[326]

もう一つは，持続可能な発展の意味がより一層急進的に解釈される可能性である．たとえば，経済学者 H. E. デイリー（Daly）は持続可能な発展という概念を生態学的に維持可能な発展という意味で使っている．彼に言わせれば，持続可能な発展は経済の量的な成長のない発展，すなわち定

常経済 (steady-state economy) への移行を意味する. 定常経済とは,「資源やエネルギーの消費量こそ増えないが, 生活の質を向上するための革新は絶え間なく起こる経済」である. 彼に言わせれば, このような経済での質的な発展こそ真の意味での持続可能な発展である. なぜなら, 地球の扶養力には限界があるからである. さらに, 定常経済に移行するためには人々の考え方が変わらなければならない.「効率改善で問題は解決できる」という考え方から,「まず地球扶養力に合わせて資源及びエネルギー消費の総量を減らし, それに伴う諸問題には再分配と効率改善で対応する」という考え方への転換が必要であるという. デイリーのような考え方は, 持続可能な発展の意味解釈におけるさらなる急進化の可能性を示唆するものである.[327]

このように, 持続可能な発展という概念には, さらなる保守化の可能性とさらなる急進化の可能性が両方とも秘められている. この二つの可能性の中でどれを選ぶのかは, 我々の政治的意志にかかっている.

## 4. 建設的な緊張関係

最も望ましいシナリオは, 持続可能な発展の意味解釈が現状打破に向けて次第に急進化していくというシナリオであろう. ドライゼクらの研究によって明らかになっているとおり, 先進工業国の中でこのような急進化の可能性が最も高い国はドイツである. 改良主義と急進主義の間に形成された建設的緊張関係がそれを可能にしているという.

ドライゼクらの研究によると, 1980年代から1990年代にかけてドイツでは弱いレベルの持続可能な発展論, すなわちエコロジー的近代化論が政策専門家の間に定着し始めた. 経済的に割に合うという認識も広がり, 政府や産業界もエコロジー的近代化の担い手を自称するようになったという. 実際にドイツ政府は循環型経済, エネルギー, 気候変動といった政策分野で技術革新に重きを置いたエコロジー的近代化の対策を積極的に推し進めてきた. 緑の党も次第に政治的な存在感を増していき, 1998年には赤緑連立政権が誕生した. これをきっかけに, エコロジー的近代化の

路線は制度化・安定化の段階に入り，一層加速化することになった．[328]

　この過程で，穏健左派のグリーン化も進んだ．雇用の確保を最優先課題と考える社会民主党も，環境投資は経済的に割に合うというエコロジー的近代化路線に同調するようになった．1986年のチェルノブイリ原発事故後は，原発推進派だった社会民主党の中でも脱原発の声が上がった．一方，緑の党は急進主義路線を軟化させ，エコロジー的近代化という改良主義的な路線を党の公式的な路線として採用した．特に，現実主義路線の緑の党が与党入りを果たしたことによって，エコロジー的近代化は政府の優先的アジェンダの一つになった．この時期に，脱原発，再生可能エネルギーの普及，炭素税の導入など，政治経済システムの構造転換を促しうる重要な政策転換も行われた．ただし，この過程では緑の党も妥協を余儀なくされた．産業界を説得するため，即時脱原発という従来の方針は，原発の操業年数に上限を設ける方針に変更された．炭素税は導入されることになったものの，その税収の多くは社会保障に関する企業の負担を減らす目的で使われることとなった．さらに，エネルギー集約的産業に対しては炭素税実施の初期段階において税制上の優遇措置が取られることとなった．[329]

　一方，この時期のドイツ環境運動は三つの様相を呈していた．一つは，運動の制度化と専門化である．この動きは，緑の党の政治的成功によって加速された．新しい社会運動の政治的受け皿として誕生し，地方政治の場で勢力を伸ばしていた緑の党は，1980年代からは連邦議会にも進出し，1990年代後半には社会民主党が率いる連立政権にも参加するようになった．緑の党の政治的成功は，エコロジー・イシューが制度の中に包摂される過程でもあった．環境運動の主眼点も次第に抗議行動から政策提言活動に移り，社会運動全般において制度化と専門化の傾向が顕著になった．抗議行動よりは政府や企業との協働事業の方が，環境団体にとって重要な仕事となった．多くの環境団体は，環境的価値を政策決定過程に取り入れる上でこのような制度化は役に立つ，と考えるようになった．[330]

　もう一つは，急進的環境運動に対する政府の消極的排除という様相である．ドイツ政府は，一方では穏健な環境団体のエコロジー的近代化路線を受け入れつつ，他方では急進的な環境団体を政策決定過程から排除してい

た．たとえば，脱原発に関する社会的合意形成においては，電力会社や経済関係官僚が中心となって協議が進められ，環境省や環境運動団体はそのプロセスに直接関与することはなかった．特に，BBU（環境保護市民運動全国連合）のような急進的な環境団体は，政府の政策過程から完全に排除されていた．ところが，政府の環境運動に対するこのような消極的排除は，ドイツの市民社会をエコロジー的に急進化させる要因となった．急進的エコロジー運動は制度の中に完全に包摂されず，制度の外側でエコロジー的公共圏（ecological public sphere）を形成し，政府のエコロジー的近代化政策に対する批判者として機能するようになったのである．このエコロジー的公共圏は，リスクの予防という観点からの国家の正当性に対する問題提起や，さらなる改革の要求の源となっている．制度化された改良主義と，その改良主義を批判する急進主義は，ドイツ社会では両方とも活性化されている．この両者が作り出す緊張関係は，持続可能な発展の形骸化を予防する効果をもたらしている．[331]

三つ目の様相としては，政府や企業から相対的に自立している研究組織の出現が挙げられる．たとえば，エコロジーに関する研究機関間作業部会（The Working Group of Ecological Research Institutes）には約 80 もの非政府系研究団体が参加している．1977 年に設立され，政府や事業者側の専門家に対抗するための研究を行っている応用エコロジー研究所（The Institute for Applied Ecology）もその一つである．ヴッパータール気候・環境・エネルギー研究所（Wuppertal Institute for Climate, Environment, and Energy）やポツダム気候研究所（Potsdam Institute for Climate Research）も，環境に関する政府や産業界の公式見解を検証する研究を行っている．これらの研究機関は市民社会の中のエコロジー的公共圏を維持かつ活性化させる重要な役割を担っている．これもまた，ドイツにおける持続可能な発展の急進化を促す要因の一つといえる．[332]

要するに，ドイツでは，一方では政府による弱いレベルの持続可能な発展が進み，他方では市民社会の急進的エコロジー運動もその活気を失っていない．ドイツに見られるこのような現象は，他の先進工業国では滅多に見られない珍しいものといえる．

たとえば，環境先進国として知られるノルウェーでは，政府によってエコロジー的近代化が積極的に進められた結果，ほとんどの環境団体は政府の路線に同調し，制度内に包摂されてしまった．政府からの補助金や政府審議会の委員という資格と引き替えに，環境 NGO は NGO（非政府組織）といえないくらい政府の中に包摂されている．その結果，環境の価値は主に経済的利益の観点から語られるようになり，産業界に不利な対策は導入が難しい状況であるという．それゆえ，ノルウェーでの持続可能な発展は弱いレベルにとどまっているのである．[333]

一方，英国では，伝統的に閉鎖的な政策スタイルと，1980 年代以来支配的になっている新自由主義イデオロギーが，エコロジー的近代化の進展を妨げている．1990 年代の労働党政権時代には持続可能な発展に関する政府の関心も高まっていたが，政治は相変わらず古い体質のままであった．たとえば，交通政策の主眼点は依然として道路建設に置かれていたし，省益を優先する省庁間の対立で，政策統合は進まなかった．環境的持続可能性は優先的アジェンダにはなれず，環境運動も政策決定過程から排除されていた．それに，英国政府は情報公開や市民参加にも消極的であった．1990 年代後半からは改善の徴候も見られたが，気候変動のような一部の分野を除けば，英国におけるエコロジー的近代化はヨーロッパの他の先進国ほど進んではいない．[334]

米国の事情はさらに複雑である．米国は，政府による経済への介入を嫌う政治文化の国である．このため，政府による環境規制は，米国では民間の経済活動の自由を侵害するものと見なされる傾向がある．気候変動の政策を見れば分かるように，米国では「温暖化対策は経済成長の妨げになる」というプロパガンダが未だに幅を利かせている．このような政治文化は，環境と経済を両立できる関係として捉えることさえ難しくしている．それに，米国のような多元主義政治システムでは，組織力や資金力で有利な生産者側の利益団体が政策決定過程における勝者になりやすい．米国の環境運動は決して弱いわけではないが，生産者集団はそれを圧倒する勢いでロビー活動を行っている．公害反対運動や環境正義を求める運動は各地で起こってはいるものの，このような運動は地域ごとに孤立分散的に行われる

傾向がある．持続可能な発展に積極的な州もあるが，持続可能な発展に関する米国政府の立場はエネルギー産業を始めとする産業界の影響力に左右されている．このため，米国では弱いレベルの持続可能な発展さえ活性化し難い状況が続いている．[335]

エコロジー的近代化に積極的な政府とその政府にさらなる急進化を求める強いエコロジー的公共圏．持続可能な発展のさらなる急進化には，このような構図から生み出される健全な緊張関係が何より必要である．

# 後書き

　本書ではブルントラント報告書を叩き台にしつつ，持続可能な発展の意味，政策，戦略，そして政治過程上の課題について検討を行った．ブルントラント報告書を叩き台としたのは，持続可能な発展に関するこれまでの流れは同報告書を起点としているからである．とはいえ，筆者はブルントラント報告書を持続可能な発展に関する唯一の指針とは考えていない．持続可能な発展の真実に迫っているのは，むしろ H．E．デイリー（Daly）の定常経済論のような考え方であろう．物質・エネルギー消費の総量を地球扶養力の上限を超えないように抑えつつ，その範囲の中で生活の質を改善していく．このような経済への移行こそ，真の意味での持続可能な発展であろう．

　明確に言及はされていないものの，ブルントラント報告書もこのような考え方を全面的に否定しているわけではない．ところが，現状からすれば，持続可能な発展のさらなる急進化は至難の業であると言わざるを得ない．気候変動の政治が物語っているように，総量規制に関する合意形成は政治的に容易に達成されるものではない．定常経済への移行はおろか，ブルントラント報告書のような穏健な提案すら受け入れてもらえない状況が続いている．その一方で，EU やドイツの事例に見られるように，現状打破の取り組みが現れつつあるのも事実である．本書の意図するところは，持続可能な発展をめぐるこのような複雑な状況と，そのさらなる急進化の必要性とを，読者に伝えることであった．

　本書の内容は筆者が大学で担当している環境政治論の講義が元となっている。それにもかかわらず，本書を仕上げるのに 4 年以上かかった．日本語が外国語である筆者にとって，日本語で本を書くという作業はかなりの時間と集中力を要する作業であった．ほとんどすべての時間を本書のための作業に集中させたかったが，大学の教員として執筆以外の仕事にも従事しなければならなかった．何より，最新の研究動向や目まぐるしく変化する現在の出来事にも追いつかなければならなかった．それでも，本書の

# 後書き

執筆は楽しかった．ここまで続けてこられたのは，韓国と日本の同僚研究者達，学生諸君，友人，そして何より両親及び家族の揺るぎのない支持と励ましがあったからこそである．この場を借りて厚くお礼申し上げる．

2017 年 9 月 10 日
甲府キャンパス研究室にて
金　基成

## 【脚注】

1 The World Commission on Environment and Development, *Our Common Future*, Oxford: Oxford University Press, 1987. 以下、「The World Commission on Environment and Development」は「WCED」と表記．なお，同報告書の日本語翻訳版は，環境と開発に関する世界委員会（大来佐武郎監修）『地球の未来を守るために』（福武書店，1987年）を参照．

2 Iris Borowy, *Defining Sustainable Development for Our Common Future: A History of the World Commission on Environment and Development (Brundtland Commission)*, London and New York: Routledge, 2014, p. 3.

3 "Sustainable development is development that meets the needs of the present without compromising the ability of future generations to meet their own needs." WECD, op.cit., p. 43.

4 UNDP, "Millennium Development Goals," http://www.undp.org/content/undp/en/home/sdgoverview/mdg_goals.html（2016年5月26日アクセス）．

5 国連の持続可能な発展目標（SDGs）は次のような17項目からなっている．①すべての貧困の撲滅，②飢餓の撲滅，③すべての人のための健康及び福祉の増進，④良質の教育及び生涯学習，⑤ジェンダー平等，⑥きれいな水及び衛生設備，⑦手ごろな価格のきれいなエネルギー，⑧適切な仕事及び経済成長，⑨回復力のある産業インフラの整備及び革新，⑩不平等の改善，⑪持続可能な都市及びコミュニティ，⑫維持可能な消費及び生産，⑬気候変動対策，⑭海洋資源の保全，⑮陸地生態系の保護，⑯平和及び正義，⑰パートナーシップの強化．なお，SDGsの詳細については次を参照．Sustainable Development Knowledge platform, "Sustainable Development Goals," https://sustainabledevelopment.un.org/topics/sustainabledevelopmentgoals（2016年5月26日アクセス）．

6 WCED, op.cit., p.43.

7 Ibid., p.45. ブルントラント報告書は経済成長の必要性を条件付きで認めている．まず，経済成長は基本的ニーズを充たすために必要である．次に，先進工業国での経済成長は省資源や省エネルギー対策のように，持続可能性の原理に基づいて行われなければならない．その一方で，経済成長に関するブルントラント報告書のこのような立場は急進的な環境主義者によって政治的妥協又は折衷主義と批判されている．

8 Ibid., p.43, pp. 46-49.

9 Ibid., pp. 49-52.

10 Ibid., pp. 52-54.

11 Ibid., pp. 54-55.

12 Ibid., pp. 55-57.

13 Ibid., pp. 57-60.

14 Ibid., pp. 60-62.

15 Ibid., pp. 62-65.

16 Borowy, op.cit., p. 3.

17 Ibid., pp. 5-13.

18 Steve Connelly, "Mapping Sustainable Development as a Contested Concept," *Local Environment*, 12 (3), 2007, pp. 259-278.

19 Ibid., p. 270 の図に基づいて筆者が作成．

## 【脚注・参考文献】

20　WCED, op.cit., p. 50.
21　ハーマン・E・デイリー（新田功・蔵本忍・大森正之共訳）『持続可能な発展の経済学』みすず書房，2005 年，42-62 頁.
22　Michael. Marien, "The Two Visions of Post-industrial Society," *Futures*, 9(5), 1977, p. 416.
23　Andrew Dobson, *Green Political Thought*, Fourth Edition, London: Routledge,2007, p. 5.
24　日本語表現をめぐる論議については次を参照．原科幸彦『環境アセスメントとは何か』岩波書店，2011 年，28-31 頁.
25　John S. Dryzek, *The Politics of the Earth: Environmental Discourses*, Second Edition, London: Oxford University Press, 2005, p. 16, pp. 143-180.
26　William Lafferty, 1996, "The Politics of Sustainable Development: Global Norms for National Implementation," *Environmental Politics*, 5 (2), p. 189.
27　Neil Carter, *The Politics of the Environment: Ideas, Activism, Policy*, Second Edition, Cambridge: Cambridge University Press, 2007, pp. 218-225.
28　ダニエル・コーエン（林昌宏訳）『経済と人類の1万年史から，21 世紀を考える』作品社，2013 年，14 頁.
29　この論争は，新マルサス主義的な立場の生物学者ポール・エーリック（Paul Ehrlich）と経済成長主義的な立場の経済学者ジュリアン・サイモン（Julian Simon）の間で再演された．この論争の詳細については次を参照．Paul Sabin, *The Bet: Paul Ehrlich, Julian Simon, and Our Gamble over Earth's Future*, New Haven & London: Yale University Press, 2013.
30　クズネッツは国民所得会計体系を発展させた経済学者である．近代経済成長に関する研究業績が認められ，彼は 1971 年にノーベル経済学賞を受賞した．詳細については次を参照．Niall Kishtainy et al., *The Economics Book: Big Ideas Simply Explained*, New York: DK Publishing, 2012, p. 178.
31　Jeffrey D. Sachs, *The Age of Sustainable Development,* New York: Columbia University Press, 2015, pp. 82-83.
32　Ibid., pp. 71-86.
33　Ibid., pp. 90-91.
34　Ibid., pp. 30-34, 139-180.
35　第三世界における低発展の原因をめぐっては近代化論と従属理論が対立している．近代化論は，第三世界における低発展の原因を市場経済の未成熟と政治的近代化の失敗に求める．一方，従属理論は，第三世界に見られる低発展の原因は植民地支配に起因する経済的従属にあると説明する．この論争の概要については次を参照．Andrew Heywood, *Global Politics*, New York: Palgrave Macmillan, Second Edition, 2014, p. 364.
36　Sachs, op.cit., pp. 101-138.
37　WCED, op.cit., pp. 49-52.
38　日本の貧困率については次を参照．厚生労働省「平成 22 年国民生活基礎調査の概況」，2010 年，http://www.mhlw.go.jp/toukei/saikin/hw/k-tyosa/k-tyosa10/2-7.html（2016 年 5 月 30 日アクセス）.
39　Sachs, op.cit., pp. 232-243.
40　Ibid., pp. 232-234. ジニ係数では，所得の完全平等は 0，完全不平等は 1 と示される．数値が 1 に近くなるにつれて，所得格差の度合いも高くなる.
41　日本における貧困の現状については次を参照．湯浅誠『反貧困―「すべり台社会」からの脱出―』岩波書店，2008 年.

42 毎日新聞 2016 年 9 月 15 日．
43 阿部彩『弱者の居場所がない社会―貧困・格差と社会的包摂―』講談社，2011 年，18-55 頁．
44 格差に抗議する草の根運動の詳細については次を参照．ライターズ・フォー・ザ 99％『ウォール街を占拠せよ―始まりの物語―』大月書店，2012 年．
45 リチャード・ウィルキンソン他『平等社会―経済成長に代わる次の目標―』東洋経済新報社，2010 年，17-51 頁．原著は次を参照．Richard Wilkinson and Kate Pickett, *The Sprit Level: Why More Equal Societies Almost Always Do Better*, London: Allen Lane, 2009. その他，ウィルキンソンの TED.com での講演（https://www.ted.com/talks/richard_wilkinson?language=ja，2016 年 5 月 30 日アクセス）も参考になる．
46 公害という概念については次を参照．庄司光・宮本憲一『日本の公害』岩波書店，1975 年，24-25 頁．
47 宮本憲一『戦後日本公害史論』岩波書店，2014 年，1 頁．
48 同書，1-21 頁．
49 Donella Meadows et al., *The Limits to Growth: A Report for The Club of Rome's Project on the Predicament of Mankind*, New York: Universe Books, 1972. 日本語翻訳版は次を参照．D・H メドウズ他（大来佐武郎訳）『成長の限界―ローマクラブ「人類の危機」レポート―』ダイヤモンド社，1972 年．
50 Donella Meadows et al., *Limits to Growth: The 30-Year Update*, White River Junction, VT: Chelsea Green Publishing, 2014, pp. ix-xxii.
51 Julian L. Simon, *The Ultimate Resource*, Princeton: Princeton University Press, 1981.
52 宣言の全文については次を参照．Union of Concerned Scientists, "1992 World Scientists' Warning to Humanity," http://www.ucsusa.org/about/1992-world-scientists.html#.V04G4lfWNJw（2016 年 5 月 30 日アクセス）．
53 Johan Rockstrom et al., "A Safe Operating Space for Humanity," *Nature*, 461, September, 2009, pp. 472-475.
54 Ibid., pp. 472-475.
55 Ibid., p. 473.
56 Ibid., pp. 473-474.
57 Ibid., p. 474.
58 本章で取りあげた出来事については，International Institute for Sustainable Development, "SD Timeline," 2012（https://www.iisd.org/pdf/2012/sd_timeline_2012.pdf，2016 年 5 月 30 日アクセス），及び，宮本憲一『戦後日本公害史論』岩波出版，2014 年，750-770 頁の年表に基づいて筆者が選別し，さらに解説を行った．
59 Rachel Carson, *Silent Spring*, Boston: Houghton Mifflin Company, 1962. 日本語翻訳版は次を参照．レイチェル・カーソン（青樹築一訳）『沈黙の春』新潮社，1974 年．
60 Paul R. Ehrlich, *Population Bomb*, New York: Ballantine, 1968. 日本語翻訳版は次を参照．ポール・R・エーリック（宮川毅訳）『人口爆弾』河出書房新社，1974 年．
61 Julian L. Simon, *The Ultimate Resource*, Princeton: Princeton University Press, 1981.
62 1960 年代以降における環境運動の隆盛については次を参照．ジョン・マコーミック（石弘之・山口裕司訳）『地球環境運動全史』岩波書店，1998 年．
63 1960 年代欧米における主要な出来事については次を参照．International Institute for Sustainable Development（以下，IISD と表記），op.cit., pp. 1-2．環境法及び環境行政

体系の現状については次を参照．松村弓彦（監修）『環境政策と環境法体系』産業環境管理協会，2004 年．
64　当時の赤黒く染まった空や汚れた海の様子は北九州市ホームページを参照．http://www.city.kitakyushu.lg.jp/kankyou/file_0269.html(2016 年 5 月 30 日アクセス)．
65　1960 年代の日本における主な出来事については，宮本憲一，前掲書，750-757 頁の年表を参照．
66　https://www.env.go.jp/council/21kankyo-k/y210-02/ref_03.pdf（2016 年 5 月 30 日アクセス）．
67　United nations, "Report of the United Nations Conference on the Human Environment", 1972, http://www.un-documents.net/aconf48-14r1.pdf（2016 年 5 月 30 日アクセス）, pp. 3-5.
68　UNEP の意義及び課題については次を参照．マコーミック，前掲書，127-148 頁．
69　Donella H. Meadows et al., *The Limits to Growth: A Report for The Club of Rome's Project on the Predicament of Mankind*, New York: Universe Books, 1972. 日本語翻訳版は次を参照．D・H メドウズ他（大来佐武郎訳）『成長の限界―ローマ・クラブ「人類の危機」レポート―』ダイヤモンド社，1972 年．
70　ローマ・クラブは 1970 年 3 月にスイス法人として設立された民間組織である．会員は世界各国の科学者，経済学者，政策専門家，経営者，教育者などの著名人である．ローマ・クラブは特定の国家の見解やイデオロギーに偏らず，人類文明に影響を及ぼす問題に対して探求し，解決の道を模索する活動を行っている．D・H メドウズ他（大来佐武郎訳），前掲書，197-203 頁．
71　同書，1-5 頁．
72　Mario J. Molina & F. S. Rowland, "Stratospheric Sink for Chlorofluoromethanes: Chlorine Atom-catalysed Destruction of Ozone," *Nature*, 249, June, 1974, pp. 810-812.
73　Miranda A. Schreurs, *Environmental Politics in Japan, Germany, and the United States*, Cambridge: Cambridge University Press, 2002, pp. 116-143. 日本語翻訳版は次を参照．ミランダ・A・シュラーズ（長尾伸一・長岡延孝監訳）『地球環境問題の比較政治学―日本・ドイツ・アメリカ―』岩波書店，97-112 頁．
74　http://www.greenpeace.org/international/en/ （2016 年 5 月 30 日アクセス）．
75　http://www.worldwatch.org （2016 年 5 月 30 日アクセス）．
76　1970 年代の出来事については，IISD, op.cit., pp. 2-4.
77　公害裁判の詳細については，宮本憲一，前掲書，235-337 頁．
78　1970 年代日本における出来事については，同書，757-763 頁．環境アセスメント法制化の失敗については次を参照．原科幸彦『環境アセスメントとは何か』岩波書店，2011 年，62-67 頁．
79　United Nations, "World Charter for Nature," http://www.un.org/documents/ga/res/37/a37r007.htm （2016 年 5 月 30 日アクセス）．
80　オゾン層のイメージ画像は NASA のウェブページを参照．http://earthobservatory.nasa.gov/Features/WorldOfChange/ozone.php（2016 年 5 月 30 日アクセス）．
81　1980 年代における環境政策の後退については，ジョン・マコーミック，前掲書，158-163 頁を参照．カーター政権とレーガン政権の政策パラダイムの違いについては次を参照．Paul Sabin, *The Bet: Paul Ehrlich, Julian Simon, and Our Gamble over Earth's Future*, New Haven & London: Yale University Press, 2013, p. 143. 1980 年代欧米における主な出来事については次を参照．IISD, op.cit., pp. 4-6.

82 宮本憲一，前掲書，522-524 頁．
83 日本におけるナショナルトラスト運動については次を参照．
http://www.ntrust.or.jp/about_ntrust/q1_ans.html（2016 年 5 月 30 日アクセス）．
84 1980 年代日本における主な出来事については次を参照．宮本憲一，前掲書，763-766 頁．
85 https://sustainabledevelopment.un.org/content/documents/Agenda21.pdf（2016 年 5 月 30 日アクセス）．
86 主要国の気候変動政治への関わり方については次を参照．Schreurs, op.cit., pp. 144-209. なお，2002 年以後の展開においては，シュラーズ，前掲書，231-241 頁の「日本語版への補遺―京都議定書批准（2002 年）以後の展開―」が参考になる．
87 ミレニアム発展目標ついては次を参照．http://www.un.org/millenniumgoals（2016 年 5 月 30 日アクセス）．なお，1990 年代の欧米における主な出来事については次を参照．IISD, op.cit., pp. 6-8.
88 http://law.e-gov.go.jp/htmldata/H05/H05HO091.html（2016 年 5 月 30 日アクセス）．
89 http://law.e-gov.go.jp/htmldata/H12/H12HO110.html（2016 年 5 月 30 日アクセス）．
90 1990 年代の日本における主な出来事については次を参照．宮本憲一，前掲書，766-769 頁．
91 John S. Dryzek, *The Politics of the Earth: Environmental Discourses*, Second Edition, London: Oxford University Press, 2005, p. 149.
92 スターン・レビューの概要（環境省の縮約版）については次を参照．「The Economics of Climate Change 気候変動の経済学（Executive Summary）」，http://www.env.go.jp/press/files/jp/9176.pdf（2016 年 5 月 30 日アクセス）．
93 リオ+20 会議の成果については次を参照．Miranda A. Schreurs, "20th Anniversary of the Rio Summit: Taking a Look Back and at the Road Ahead," *GAIA*, 21 (1), 2012, pp. 13-16.
94 SDGs の内容については次を参照．https://sustainabledevelopment.un.org/topics/sustainabledevelopmentgoals（2016 年 5 月 30 日アクセス）．
95 パリ協定の内容については次を参照．環境省の「パリ協定の概要（仮訳）」http://www.env.go.jp/earth/ondanka/cop21_paris/paris_conv-a.pdf（2016 年 5 月 30 日アクセス）．
96 2012 年度（平成 24 年度）温室効果ガス排出量の確定値については次を参照．http://www.env.go.jp/earth/ondanka/ghg/2012_gaiyo.pdf（2016 年 5 月 30 日アクセス）．
97 パリ協定の内容については次を参照．環境省の「パリ協定の概要（仮訳）」http://www.env.go.jp/earth/ondanka/cop21_paris/paris_conv-a.pdf（2016 年 5 月 30 日アクセス）．
98 Ronald Inglehart, *Modernization and Postmodernization: Cultural, Economic, and Political Change in 43 Societies*, Princeton: Princeton University Press, 1997, pp. 43-45.
99 Ibid., pp. 43-45.
100 Ibid., pp. 144-145.
101 Ronald Inglehart, "The Silent Generation in Europe: Inter-generational Change in Postindustrial Societies," *American Political Science Review*, 65, 1971, pp. 991-1017. John Barry and E. Gene Frankland, *International Encyclopedia of Environmental Politics*, London: Routledge, 2002, pp. 278-279.
102 Inglehart, op.cit., pp. 237-266. その他，脱物質主義価値観が政治に及ぼした影響については次を参照．賀来健輔・丸山仁（編著）『ニュー・ポリティクスの政治学』ミネルヴァ

書房，2000 年.
103 五十嵐暁郎『日本政治論』岩波書店，2010 年，88-89 頁.
104 社会運動の一般定義については次を参照．大畑裕嗣他編『社会運動の社会学』有斐閣，2004 年，4 頁.
105 Barry and Frankland, op.cit., pp. 343-344.
106 Claus Offe, "New Social Movement: Challenging the Boundaries of Institutional Politics," *Social Research*, 52 (4), 1985, pp. 817-868.
107 新しい社会運動に関する研究動向については次を参照．Barry and Frankland, op.cit., pp. 344-345.
108 五十嵐暁郎，前掲書，26-29 頁.
109 神奈川ネットワーク運動の活動については同団体のホームページを参照．http://kanagawanet.org/ayumi（2015 年 5 月 30 日アクセス）.
110 Jonathon Porritt, *Seeing Green: The Politics of Ecology Explained*, Oxford: Blackwell, 1984, pp. 43-44, in Andrew Dobson, *The Green Reader*, London: Andre Deutsch, 1991. ポリットは環境保護運動家であり，緑の党の思想的なリーダーでもある．なお，本章においては次の日本語翻訳版を参照した．A. ドブソン編著（松尾眞他訳）『原典で読み解く環境思想入門』ミネルヴァ書房，1999 年，26 頁.
111 同書，26 頁．なお，緑の党と他の政党との違いについては，同書 199-206 頁に抜粋要約されているペトラ・ケリーの本（Petra Kelly, *Fighting for Hope*, London: The Hogarth Press, 1984）も参考になる．彼女は平和活動家であり，ドイツ緑の党のリーダーでもあった．
112 緑の党の一般的特徴については次を参照．Neil Carter, *The Politics of Environment: Ideas, Activism, Policy*, Second Edition, Cambridge: Cambridge University Press, 2007, pp. 88-96.
113 世界各地の緑の党の活動については次のグローバル・グリーンズのホームページを参照．https://www.globalgreens.org/officeholders（2016 年 6 月 15 日アクセス）．なお，緑の党の誕生と変容の詳細については次を参照．E・ジーン・フランクランド他編著（白井和宏訳）『変貌する世界の緑の党―草の根民主主義の終焉か？―』緑風出版，2013 年．原著は次を参照．E. Gene Frankland, Paul Lucardie and Benoit Rihoux, *Green Parties in Transition: The End of Grass-roots Democracy?*, London: Routledge, 2008.
114 ドイツ緑の党の歴史については次を参照．フランクランド，前掲書，42-52 頁.
115 原理派と現実派の路線対立については次を参照．同書，42-79 頁，及び，丸山仁「社会運動から政党へ？―ドイツ緑の党の成果とジレンマ―」大畑裕嗣他編『社会運動の社会学』有斐閣，2004，198-212 頁.
116 赤緑連立政権の政策については次を参照．小野一『ドイツにおける「赤と緑」の実験』お茶の水書房，2009 年，221-285 頁.
117 Carter, op.cit., pp. 127-140.
118 日本の緑の党については次を参照．白川真澄「日本における緑の党の誕生と課題」『情況』第 1 巻，第 1 号，2012 年，32-43 頁．なお，第 32 回参議院選挙における緑の党の得票率などの情報については，緑の党選挙本部事務所ウェブページを参照．http://iwj.co.jp/wj/open/archives/92516（2016 年 6 月 15 日アクセス）.
119 左派と右派の一般的な特徴については次を参照．Andrew Heywood, *Political Ideologies: An Introduction*, Fifth edition, Basingstoke: Palgrave Macmillan, 2012, p. 17.
120 Carter, op.cit., p. 78 の図に基づいて筆者が作成.

121 エコロジー・スペクトラムを最初に考案したのは T. オリオーダンである．原著は次を参照．Timothy O'Riordan, *Environmentalism*, Second Edition, London: Pion, 1981.
122 Carter, op.cit., pp. 76-79.
123 生態系中心主義とは，人間ではなく生態系を中心に据えて世界を理解し，また，このような考え方に基づいた生活様式や政治的行動を支持する思想である．生態系中心主義の形成には，ノルウェー出身の哲学者であり環境運動家でもあるアルネ・ネス（Arne Naess）のディープ・エコロジー（the deep ecology）思想が決定的な影響を与えた．ディープ・エコロジーの詳細については次を参照．アルネ・ネス（斎藤直輔・開龍美訳）『ディープ・エコロジーとは何か―エコロジー・共同体・ライフスタイル―』文化書房博文社，1997年．ワーウィック・フォックス（星野淳訳）『トランスパーソナル・エコロジー――環境主義を超えて―』平凡社，1994 年．なお，生態系中心主義の観点から環境政治理論の現状を批判的に考察した研究については次を参照．Robyn Eckersley, *Environmentalism and Political Theory: Toward an Ecocentric Approach*, New York: State University of New York Press, 1992.
124 ブルントラント報告書の内容要約に当たっては同報告書の英語版（The World Commission on Environment and Development, *Our Common Future*, Oxford: Oxford University Press, 1987），及び，日本語版（環境と開発に関する世界委員会[大来佐武郎監修]『地球の未来を守るために』福武書店，1987 年）を参照した．以下，英語版は「WCED」と表記し，日本語版については「和訳」と表記する．
125 WCED, op.cit., pp. 96-105（和訳，123-130 頁）．
126 Ibid., pp. 105-107（和訳，133-134 頁）．
127 Ibid., pp. 108-114（和訳，136-142 頁）．
128 Ibid., pp. 114-116（和訳，143-144 頁）．
129 Ibid., pp. 118-125（和訳，148-154 頁）．
130 Ibid., pp. 125-128（和訳，155-159 頁）．
131 Ibid., pp. 130-132（和訳，161-170 頁）．
132 Ibid., pp. 138-140, pp. 142-144（和訳，171-174 頁，175-178 頁）．
133 Ibid., pp. 147-150（和訳，182-183 頁）．
134 Ibid., pp. 155-157（和訳，191-193 頁）．
135 Ibid., pp. 150-152（和訳，186-188 頁）．
136 Ibid., pp. 152-154（和訳，189-190 頁）．
137 Ibid., pp. 157-166（和訳，194-204 頁）．
138 Ibid., pp. 168-169（和訳，206-207 頁）．
139 Ibid., pp. 169-174（和訳，207-212 頁）．
140 Ibid., pp. 174-181（和訳，213-219 頁）．
141 そして，2011 年 3 月 11 日には日本で福島原発事故が起こった．
142 Ibid., pp. 181-189（和訳，222-230 頁）．
143 Ibid., pp. 196-201（和訳，239-246 頁）．
144 Ibid., pp. 206-213（和訳，248-252 頁）．
145 Ibid., pp. 211-213（和訳，253-254 頁）．
146 Ibid., p. 261（和訳，219 頁）．
147 Ibid., pp. 219-220（和訳，262 頁）．
148 Ibid., pp. 220-221（和訳，262-263 頁）．
149 Ibid., p. 222（和訳，263 頁）．
150 Ibid., pp. 222-230（和訳，265-273 頁）．

【脚注・参考文献】

151 Ibid., pp. 230-232(和訳, 274-275 頁).
152 Ibid., pp. 233-238(和訳, 278-279 頁).
153 Ibid., pp. 238-241(和訳, 281-283 頁).
154 Ibid., pp. 241-243(和訳, 284-286 頁).
155 Ibid., pp. 243-247(和訳, 286-290 頁).
156 Ibid., pp. 247-248(和訳, 290-292 頁).
157 Ibid., pp. 248-255(和訳, 293-300 頁).
158 Ibid., pp. 255-257(和訳, 300-302 頁).
159 A・ドブソン編著(松尾眞他訳)『原典で読み解く環境思想入門』ミネルヴァ書房, 2002, 28-29 頁. 原著は次を参照. Andrew Dobson (ed.), *The Green Reader: Essays toward a Sustainable Society*, San Francisco: Murcury House, 1991, pp. 37-39. ハーディンの原著は次を参照. Garrett Hardin, "The Tragedy of Commons," in Garrett Hardin and John Baden (eds.), *Managing the Commons*, San Francisco: W H Freeman and Co., 1977, p. 20, pp. 28-29.
160 WCED, op.cit., p. 261(和訳, 304 頁).
161 Ibid., pp. 262-266(和訳, 305-309 頁).
162 Ibid., pp. 268-269(和訳, 312 頁).
163 Ibid., pp. 269-270(和訳, 313-314 頁).
164 Ibid., pp. 270-272(和訳, 314-315 頁).
165 Ibid., pp. 272-274(和訳, 317-318 頁).
166 Ibid., pp. 274(和訳, 318 頁).
167 Ibid., pp. 274-275(和訳, 319-320 頁).
168 Ibid., pp. 275-277(和訳, 320-321 頁).
169 Ibid., p. 277(和訳, 322 頁).
170 Ibid., pp. 277-279(和訳, 322-324 頁).
171 Ibid., pp. 279-283(和訳, 325-329 頁).
172 Ibid., pp. 283-284(和訳, 329-330 頁).
173 Ibid., pp. 284-286(和訳, 331-332 頁).
174 ブルントラント報告書では明示されてはいないが, このような点からして, 平和と安全保障も人類が守らなければならない無形の共有財産といえる. Ibid., pp. 290-294(和訳, 334-339 頁).
175 Ibid., pp. 297-300(和訳, 342-346 頁).
176 Ibid., pp. 294-297(和訳, 340-342 頁).
177 Ibid., pp. 300-304(和訳, 346-350 頁).
178 Ibid., pp. 308-309(和訳, 352-354 頁).
179 Ibid., pp. 310-313(和訳, 356-358 頁).
180 Ibid., pp. 319-323(和訳, 365-370 頁).
181 Ibid., pp. 323-326(和訳, 370-372 頁).
182 Ibid., pp. 326-330(和訳, 373-377 頁).
183 Ibid., p. 314(和訳, 359 頁). 和訳における「持続的な開発」という表現の代わりに, 本書では「持続可能な発展」という表現を用いる.
184 EPIについては次を参照. Lennart J. Lundqvist, *Sweden and Ecological Governance: Straddling the Fence*, Manchester and New York: Manchester University Press, 2004, p. 117. William M. Lafferty and Eivind Hovden, "Environmental Policy Integration: Towards an Analytical Framework," *Environmental Politics*, 12 (3), 2003, pp. 1-2.

185 Steve Connelly, "Mapping Sustainable Development as a Contested Concept," *Local Environment*, 12 (3), 2007, p. 270 の図から着想を得て筆者が作成.
186 Markku Lehtonen, "Environmental Policy Integration through OECD Peer Reviews: Integrating the Economy with the Environment of the Environment with the Economy?" *Environmental Politics*, 16 (1), 2007, p. 16.
187 EPI の類型については次を参照. Lafferty and Hovden, op.cit., pp. 12-20.
188 European Environment Agency, *Environmental Policy Integration in Europe: State of Play and an Evaluation Framework*, Luxembourg: Office for Official Publication of the European Communities, 2005, p. 12, 及び, Alessandra Sgobbi, *EPI at National Level: A Literature Review*, The second EPIGOV conference, 22-23 November, 2007, pp. 11-12.
189 John S. Dryzek, *The Politics of the Earth: Environmental Discourses*, Second Edition, London: Oxford University Press, 2005, pp.162-180. 日本語翻訳版は次を参照. J・S・ドライゼク（丸山正次訳）『地球の政治学―環境をめぐる諸言説―』風行社, 2007, 206-228 頁. ちなみに, 原著初版は 1997 年に出版された.
190 European Environmental Agency, op.cit., p. 7, Lehtonen, op.cit., p. 16, 及び, Mans Nilsson and Katarina Eckerberg, eds., *Environmental Policy Integration in Practice: Shaping Institutions for Learning*, London: Earthscan, 2007, pp. 1-7.
191 European Environment Agency, op.cit., pp. 14-28.
192 Martina Herodes, Camilla Adelle, and Marc Pallemaerts, *Environmental Policy Integration: Literature Review*, EPIGOV Paper No. 5, Berlin: Institute for International and European Environmental Policy, 2007, pp. 16-19.
193 定常経済については次を参照. ハーマン・E・デイリー（新田功他訳）『持続可能な発展の経済学』みすず書房, 2006 年, 42-63 頁. 原著は次を参照. Herman E. Daly, *Beyond Growth: The Economics of Sustainable Development*, Boston: Beacon Press, 1996. なお, ハーマン・デイリー（枝廣淳子訳）『「定常経済」は可能だ!』（岩波ブックレット No. 914, 岩波書店, 2014 年）も参考になる.
194 持続可能な発展における公平性の諸次元については次を参照. Graham Haughton, "Environmental Justice and the Sustainable City," *Journal of Planning Education and Research*, Vol. 18, 1999, pp. 235-237.
195 WCED, op.cit., p. 47.
196 Ibid., p. 46.
197 Ibid., p. 48.
198 急進的環境言説の特徴については, Dryzek, op.cit., pp.183-202.
199 WCED, op.cit., p. 155.
200 南北問題の展開については次を参照. ジョン・マコーミック（石弘之・山口裕司訳）『地球環境運動全史』岩波書店, 1998 年, 105-192 頁.
201 「NHK スペシャル：低炭素社会に踏み出せるか, 問われる日本の進路」（2008 年 6 月 1 日放送）に出演した関係者からの証言を参照. なお, ドイツの炭素税に対しては「規模が小さいため, 期待されていたほどの効果はない」という批判もある. ドイツにおける炭素税導入の経緯については次を参照. Wolfgang Rudig, "The Environment and Nuclear Power," Stephen Padgett, William E. Paterson, and Gordon Smith, eds., *Developments in German Politics 3*, Durham: Duke University Press, 2003, pp. 259-261.
202 デイリー, 2014 年, 前掲書, 44 頁.
203 センの経済思想については, マルティア・セン（池本幸生・野上裕生・佐藤仁訳）『不

【脚注・参考文献】

平等の再検討―潜在能力と自由―』岩波書店, 1999年.
[204] 近代化や発展の概念をめぐる議論については次を参照. Andrew Heywood, *Global Politics*, Second Edition, New York: Palgrave Macmillan, 2014, pp. 359-388.
[205] WCED, op.cit., pp. 49-52.
[206] リチャード・ウィルキンソン&ケイト・ピケット（酒井泰介訳）『平等社会―経済成長に代わる次の目標―』東洋経済新報社, 2010年. なお, 著者本人による講演も参考になる. https://www.ted.com/talks/richard_wilkinson?language=ja（2016年5月30日アクセス）.
[207] 福祉国家の特徴については次を参照. 鎮目真人・近藤正基編著『比較福祉国家―理論・計量・各国事例―』ミネルヴァ書房, 2013年, 2-7頁.
[208] The Federal Government of Germany, *Perspectives for Germany: Our Strategy for Sustainable Development*, 2002 （https://www.nachhaltigkeitsrat.de/fileadmin/user_upload/English/pdf/Perspectives_for_Germany.pdf, 2016年6月30日アクセス）. ドイツNSDSはドイツ語版と英語版で公開されている. 本書においては英語版NSDSを参照した.
[209] Wolfgang Rudig, "The Environment and Nuclear Power," in Stephen Padgett, William E. Paterson, and Gordon Smith, eds., *Developments in German Politics 3*, Durham: Duke University Press, 2003, pp. 251-522.
[210] ドイツ政府は予防原則に賛成であったが, 当時の英国と米国の政府は反対であった. John S. Dryzek, *The Political of the Earth: Environmental Discourses*, Second Edition, Oxford: Oxford University, 2005, p. 164.
[211] Rudig, op.cit., pp. 254-255.
[212] EM論における近代化概念については次を参照. Martin Janicke, "On Ecological and Political Modernization," in Arthur P.J. Mol et al. eds., *The Ecological Modernisation Reader: Environmental Reform in Theory and Practice*, London and New York: Routledge, 2009, p. 29. なお, EM言説の特徴については次を参照. 金基成「エコロジー的近代化言説とEUの気候変動政策―ストーリーラインの類似性とその政治的含意―」『立命館法学』第333・334号, 2011年, 529-550頁, 及び, 金基成「エコロジー的近代化の思想」環境経済・政策学会『環境経済・政策学事典』丸善出版, 2018年, 658-659頁.
[213] ドイツ環境政策の特徴については次を参照. Martin Janicke and Helmut Weidner, eds., *National Environmental Policies: A Comparative Study of Capacity-Building*, Helsinki: The United Nations University, 1997, pp. 133-155, 及び, Edda Muller, "Environmental Policy Integration as a Political Principle: The German Case and the Implications of European Policy," in Andrea Lenschow ed., *Environmental Policy Integration: Greening Sectoral Policies in Europe*, London and Sterling: Earthscan, 2002, pp. 58-63.
[214] Rudig, op.cit., pp. 256-257.
[215] Ibid., pp. 258-268.
[216] Ibid., p. 264.
[217] ドイツNSDSの策定経緯については次を参照. Martin Janicke, Helge Jorgens, Kirsten Jorgensen, Ralf Nordbeck, "Germany,"in OECD, *Governance for Sustainable Development: Five OECD Case Studies*, Paris: OECD Publications, 2002, pp. 128-129. なお, 策定過程については次を参照. The Federal Government of Germany, op.cit., p. 55.
[218] The Federal Government of Germany, op.cit., pp. 55-66.
[219] Martin Janicke and Helge Jorgens, "National Environmental Policy Planning in OECD Countries: Preliminary Lessons from Cross-National Comparisons,"

*Environmental Politics*, Vol. 7, No. 2, 1998, p. 51, 及び, Janicke et al., op.cit., pp. 119-121.
220  European Environment Agency, *Environmental Policy Integration in Europe: State of Play and an Evaluation Framework*, Luxemburg: Office for Official Publications of the European Communities, 2005, p. 14, 18, 24.
221  Janicke et al., op.cit., pp. 113-153.
222  William M. Lafferty and Eivind Hovden, "Environmental Policy Integration: Towards an Analytical Framework," *Environmental Politics*, 12 (3), 2003, p. 18.
223  Federal Statistical Office of Germany, *Sustainable Development in Germany: Indictor Report 2012*, Wiesbaden: Federal Statistical Office, 2012, pp. 1-80.
224  The Federal Government of Germany, op.cit., pp. 5-13.
225  Federal Statistical Office of Germany, op.cit., pp. 6-31 に基づいて筆者が作成.
226  The Federal Government of Germany, op.cit., pp. 14-28, pp. 109-119.
227  Federal Statistical Office of Germany, op.cit., pp. 32-52 に基づいて筆者が作成.
228  Andrew Heywood, *Political Ideology: An Introduction*, Fifth Edition, Basingstoke: Palgrave Macmillan, 2012, p. 84.
229  The Federal Government of Germany, op.cit., pp. 33-41, pp. 120-127.
230  Federal Statistical Office of Germany, op.cit., pp. 54-60.
231  The Federal Government of Germany, op.cit., pp. 128-130, pp. 299-322.
232  Federal Statistical Office of Germany, op.cit., pp. 62-65.
233  The Federal Government of Germany, op.cit., pp. 90-91.
234  Ibid., pp. 132-176.
235  Ibid., pp. 177-204. 交通政策における環境政策統合はエネルギー政策分野ほど進んではいない. たとえば, NSDS では移動性 (mobility) という概念が使われているが, これは道路建設の継続を強く要求する産業界の圧力によるものである. 穏健左派の社民党を含むほとんどの既成政党は, 自動車業界のこのような意向に理解を示している. 道路建設が経済成長と雇用に役に立つと考えているからである. 一方, NSDS で重視されている鉄道事業では民営化が進み, 収益性のない路線は廃止になる可能性が高いと言われている. このような現状については次を参照. Rudig, op.cit., p. 265.
236  The Federal Government of Germany, op.cit., pp. 205-247.
237  Ibid., pp. 248-261.
238  Ibid., pp. 262-275.
239  Ibid., pp. 276-286.
240  Ibid., pp. 287-298.
241  Ibid., pp. 11-13.
242  Ibid., p. 76, pp. 141-145.
243  IPCC (気候変動に関する政府間パネル) 編『IPCC 地球温暖化第四次レポート—気候変動2007—』中央法規, 2009年, 2-6頁.
244  同書, 7-13頁.
245  同書, 15頁.
246  同書, 17頁. ちなみに, グリーンピースを含む多くの環境団体は, 原子力と炭素回収貯留 (CCS) 技術に反対している. 原子力には放射能汚染や核廃棄物という問題があり, 炭素回収貯留の技術には生態系への影響がまだ検証されていないという問題があるからである.
247  IPCC, 前掲書, 14-17頁.
248  全国地球温暖化防止活動推進センター「データ集 [1] 世界の $CO_2$ 排出量」, http://www.jccca.org/global_warming/knowledge/kno03.html (2016年7月12日アクセ

ス）．

[249] S．オーバーチュアー・H．E．オット著・国際比較環境法センター・地球環境戦略研究機関訳『京都議定書―21世紀の国際気候政策―』シュプリンガー・フェアラーク東京株式会社，2001年，39頁．

[250] 同書，40頁．

[251] UNFCCCの基本原則については同条約第3条をご参照いただきたい．なお，同条約の日本語翻訳版は環境省ホームページに公開されている．
http://www.env.go.jp/earth/cop3/kaigi/jouyaku.html（2016年7月12日アクセス）．

[252] 詳細については次を参照．UNFCCC第4条，及び，オーバーチュアー・オット，前掲書，40-44頁．

[253] 詳細については次を参照．環境省「京都議定書の要点」
http://www.env.go.jp/earth/ondanka/mechanism/gaiyo_k.pdf（2016年7月14日アクセス）．

[254] ミランダ・A．シュラーズ（長尾伸一・長岡延孝監訳）『地球環境問題の比較政治学―日本・ドイツ・アメリカ―』岩波書店，2007年，232頁．原著は次を参照．Miranda A. Schreurs, *Environmental Politics in Japan, Germany, and the United States*, Cambridge: Cambridge University Press, 2002.

[255] オーバーチュアー・オット，前掲書，16-20頁．

[256] シュラーズ，前掲書，121-128頁．

[257] オーバーチュアー・オット，前掲書，20-23頁．

[258] 同書，52頁，83-84頁．

[259] Miranda A. Schreurs, "Sub-national Environmental Governance and the Politics of Climate Change," in Grant-in-Aid Scientific Research on Priority Areas, Multi-level Environmental Governance for Sustainable Development, *Democracy for the Sustainable Future, The First International Symposium*, Kyoto: Kyoto University, 2007, pp. 47-48. カリフォルニア州の取り組みについては次も参照．シュラーズ，前掲書，138-140頁．

[260] オーバーチュアー・オット，前掲書，23頁．

[261] 同書，87-88頁．

[262] シュラーズ，前掲書，137-139，235頁．なお，日本政府の温暖化政策に対する批判については次を参照．気候ネットワーク『地球温暖化防止の市民戦略』中央法規，2005年．

[263] 酒井広平・小坂尚史・楊川翠「付属書I国の京都議定書（第一約束期間）の達成状況」国立環境研究所『地球環境研究センターニュース』2014年7月号，http://www.cger.nies.go.jp/cgernews/201407/284004.html（2016年7月12日アクセス）．

[264] 日本政府の地球温暖化政策は原子力発電に依存していた．しかし，原発に頼る地球温暖化政策は失敗に終わった．1990年代からは原発の故障や不祥事が相次いでいたし，福島原発事故後は安全検査のためにすべての原発で運転が停止された．このように，原発は安全なエネルギーでも，安定的に電気を供給できるシステムでもないということが明らかになった．それに，原発で発電できなかった電力は火力発電によって補われ，その分二酸化炭素の排出も増えた．

[265] 地球温暖化対策推進本部「京都議定目標達成計画の進捗状況（2014年7月1日）」，http://www.kantei.go.jp/jp/singi/ondanka/kaisai/dai28/siryou.pdf（2016年7月12日アクセス）．

[266] パリ協定の概要については次を参照．高村ゆかり「パリ協定で何が決まったか―その評価と課題―」『環境と公害』，Vol. 45, No. 4, 2016, 33-38頁，及び，大嶋健志「パリ協

定採択後の動向と今後の課題」参議院事務局企画調整室編『立法と調査』, No. 381, 2016, 139-148 頁。
[267] トランプ大統領のパリ協定離脱表明については日本のマスメディアも詳細に報道した。http://www9.nhk.or.jp/nw9/digest/2017/06/0602.html（2017 年 6 月 30 日アクセス）。
[268] Neil Carter, *The Politics of the Environment: Ideas, Activism, Policy*, Second Edition, Cambridge: Cambridge University Press, 2007, pp. 182-186.
[269] S. オーバーチュアー・H. E. オット著（国際比較環境法センター・地球環境戦略研究機関訳）『京都議定書—21 世紀の国際気候政策—』シュプリンガー・フェアラーク東京株式会社, 2001 年, 20-23 頁。
[270] シュラーズ, 前掲書, 124-127 頁。
[271] 金基成「日本における気候保護政策とガバナンス」日本政治学会研究大会, 関西学院大学, 2008 年 10 月 12 日, 1-18 頁。
[272] Carter, op.cit., pp. 184-185.
[273] NHK 放送文化研究所「2012 年 3 月原発とエネルギーに関する意識調査単純集計表」(http://www.nhk.or.jp/bunken/summary/yoron/social/pdf/120401.pdf, 2017 年 5 月 6 日アクセス), 及び,「原発とエネルギーに関する意識調査（2013 年 3 月）単純集計表」(http://www.nhk.or.jp/bunken/summary/yoron/social/pdf/130523.pdf, 2017 年 5 月 6 日アクセス)。
[274] 河野啓・小林利行「再び政権交代を選択した有権者の意識—衆院選後の政治意識・2013 調査から—」NHK 放送文化研究所『放送研究と調査』第 63 巻第 7 号, 2013 年, 40-63 頁。
[275] Cater, op.cit., pp. 186-190.
[276] 原子力村という言葉は本のタイトルとしてもよく使われている。たとえば, 小出裕章他著『原子力村の大罪』（ベストセラーズ, 2011 年）, 田辺文也『まやかしの安全の国—原子力村からの告発—』（角川マガジンズ, 2016 年）, 小森敦司『日本はなぜ脱原発できないのか—原子力村という利権—』（平凡社, 2016 年）など。
[277] 政策コミュニティに関する欧米の事例については次を参照。Carter, op.cit., pp. 188-189.
[278] カーターが提示した諸論点については次を参照。Carter, op.cit., pp. 196-198. なお, 本章における外的要因についての説明は, カーターが提示した諸論点を参考にしつつ, 筆者がさらに解説を付け加えたものである。
[279] ドイツの原発政策の事情については次を参照。ミランダ・A・シュラーズ『ドイツは脱原発を選んだ』, 岩波ブックレット No.818, 岩波書店, 2011 年, 3-51 頁。
[280] 低炭素経済の詳細については次を参照。諸富徹・浅岡美恵『低炭素経済への道』岩波書店, 2010 年。
[281] オゾン層問題に対する日本政府の対応については次を参照。シュラーズ, 前掲書, 2007 年, 102-112 頁。
[282] 日本の事例については次を参照。宮本憲一『戦後日本公害史論』岩波書店, 2014 年, 5-6 頁。
[283] 福島原発事故を前後としたエネルギー政策の変化については次を参照. 大島賢一「エネルギー政策転換の到達点と課題」『環境と公害』, Vol.43, No.1, 2013 年, 2-6 頁。
[284] 以下におけるエコロジー的市民性に関する説明は次を参照. Andrew Dobson, "Citizenship," in Andrew Dobson and Robyn Eckersley, *Political Theory and the Ecological Challenge*, Cambridge: Cambridge University Press, 2006, pp. 216-231, Andrew Dobson, *Citizenship and the Environment*, Oxford: Oxford University Press,

2003，及び，Andrew Dobson, "Ecological Citizenship: A Defence," *Environmental Politics*, Vol. 15, No. 3, 2006, pp. 447-451.
285　エコロジズムと民主主義の関係に関する論点については次を参照．Terence Ball, "Democracy," in Andrew Dobson and Robyn Eckersley, *Political Theory and the Ecological Challenge*, Cambridge: Cambridge University Press, 2006, pp.131-147.
286　Carter, op.cit., p. 66.
287　Ibid., p. 66.
288　Ibid., p. 66.
289　アリストテレスの六政体論については次を参照．ポール・ケリー他（堀田義太郎監修・豊島実和訳）『政治学大図鑑』三省堂，2014年，42-43頁．
290　同書，43頁の表に基づいて筆者が作成．
291　同書，42-43頁．
292　アリストテレス（田中美知太郎他訳）『政治学』中央公論新社，2009年，74-75頁．
293　橋場弦『丘のうえの民主政―古代アテネの実験―』岩波書店，1997年，6-7頁及び18頁．
294　Robert A. Dahl, *Polyarchy: Participation and Opposition*, New Haven: Yale University Press, 1971. 日本語翻訳版は次を参照．ロバート・A. ダール（高畠通敏・前田脩訳）『ポリアーキー』岩波書店，2014年．なお，ロバート・A. ダール（中村孝文訳）『デモクラシーとは何か』（岩波書店，2001年）も参考になる．
295　ロバート・A. ダール，2014年，前掲書，14頁の図に基づいて筆者が作成．
296　George Orwell, *Nineteen Eighty-Four (1984)*, London: Secker & Warburg, 1949. 日本語翻訳版は次を参照．ジョージ・オーウェル（高橋和久訳）『一九八四年』早川書房，2009年．なお，全体主義の定義については次を参照．猪口孝他『政治学事典』弘文堂，2000年，659頁．
297　権威主義体制の定義については次を参照．猪口孝他，前掲書，295頁．
298　サミュエル・P. ハンチントン（坪郷實他訳）『第三の波―20世紀後半の民主化―』三嶺書房，1995年．原著は次を参照．Samuel P. Huntington, *The Third Wave: Democratization in the Late Twentieth Century*, Norman and London: University of Oklahoma Press, 1991.
299　懐疑論の論点については次を参照．John Barry and E. Gene Frankland, *International Encyclopedia of Environmental Politics*, London and New York: Routledge, 2002, pp. 122-123，及び，Terence Ball, "Democracy," Andrew Dobson and Robyn Eckersley ed., *Political Theory and the Ecological Challenge*, Cambridge: Cambridge University Press, 2006, pp. 131-147.
300　擁護論の論点については次を参照．Barry and Frankland, op.cit, pp. 122-123，及び，Ball, op.cit. pp. 131-147. なお，ナチス政権の自然保護政策については次を参照．フランク・ユケッター（和田佐規子訳）『ナチスと自然保護―景観美・アウトバーン・森林と狩猟―』築地書館，2015年，4-31頁．原著は次を参照．Frank Uekoetter, *The Green and the Brown: A History of Conservation in Nazi Germany*, Cambridge: Cambridge University Press, 2006.
301　ユケッター，前掲書，15頁．
302　同書，4-31頁．
303　旧ソ連及び東ヨーロッパ非民主主義政治体制における環境問題については次を参照．宮本憲一『環境経済学（新版）』岩波書店，2007年，16-18頁．
304　日本の事例としては，吉野川可動堰建設をめぐる対立が代表的なものとして挙げられる．その一部始終については次を参照．横野喜幸「公共の場での問題解決―吉野川第十堰可動

堰化問題―」小林傳司編『公共のための科学技術』玉川大学出版部，2002 年，140-157 頁，及び，金基成「環境政治における市民参加と問題解決」『山梨大学工学部研究報告』52，2003 年，15-22 頁．

305 John S. Dryzek, *Discursive Democracy: Politics, Policy, and Political Science*, Cambridge: Cambridge University, 1990, pp. 57-76.

306 「素人」市民のローカル知識を政策決定過程に取り入れることの合理性については次を参照．Frank Fischer, *Citizens, Experts, and the Environment: The Politics of Local Knowledge*, Durham and London: Duke University Press, 2000, pp. 143-218.

307 熟議民主主義の手法には，公衆協議（public consultation），裁判外紛争解決手続（alternative dispute resolution），政策対話（policy dialogue），市民熟議（lay citizen deliberation），公開審問（public inquiries），知る権利の立法化（right-to-know legislation）などがある．詳細については次を参照．John S. Dryzek, *The Politics of the Earth: Environmental Discourses*, Oxford and New York: Oxford University, 1997, pp. 86-91．日本語翻訳版（原著第 2 版）は次を参照．Ｊ・Ｓ・ドライゼク（丸山正次訳）『地球の政治学―環境をめぐる諸言説―』風行社，2007 年，127-136 頁．なお，コンセンサス会議の詳細については次を参照．小林傳司「社会的意志決定への市民参加」小林傳司編『公共のための科学技術』玉川大学出版部，2002 年，158-183 頁．

308 討論型世論調査の詳細については次を参照．ジェイムズ・Ｓ・フィシュキン（曽根泰教監修・岩木貴子訳）『人々の声が響き合うとき―熟議空間と民主主義―』早川書房，2011 年．原著は次を参照．James S. Fishkin, *When the People Speak: Deliberative Democracy and Public Consultation*, Oxford: Oxford University, 2009．なお，慶應義塾大学 DP（討論型世論調査）研究センターのウェブページも参考になる．http://keiodp.sfc.keio.ac.jp/?page_id=22（2016 年 5 月 30 日アクセス）．

309 Ball, op.cit., pp. 135-136.
310 Ibid., p. 142.
311 Ibid., pp. 139-144.
312 Dryzek, op.cit., pp. 3-23．日本語版は次を参照．Ｊ・Ｓ・ドライゼク，前掲書，3-27 頁．なお，ドライゼクの言説分析方法に関する解説については次を参照．金基成「環境政策研究における言説分析方法とその応用」『環境経済・政策研究の動向と展望』東洋経済新報社，2006 年，179-193 頁．
313 Dryzek, op.cit., p. 15 の表に基づいて筆者が作成．
314 Ibid., p. 15, pp. 75-144.
315 Ibid., p. 15, pp. 27-50.
316 Ibid., p. 16, pp. 143-180.
317 Ibid., p. 16, pp. 181-227.
318 Bill Hopwood et al., "Sustainable Development: Mapping Different Approaches," *Sustainable Development*, Vol. 13, 2005, p.40.
319 Graham Haughton, "Environmental Justice and the Sustainable City," *Journal of Planning Education and Research*, Vol., 18, 1999, pp. 235-237.
320 Hopwood et al., op.cit., pp. 38-52.
321 Ibid., p. 42 の図に基づいて筆者が作成．
322 Ibid., pp. 42-43.
323 Ibid., pp. 43-45.
324 ソーシャル・エコロジー思想については次を参照．マレイ・ブクチン（藤堂麻理子・戸田清・萩原なつ子訳）『エコロジーと社会』白水社，1996 年．
325 Hopwood et al., op.cit., pp. 45-47.

326　ブルントラント報告書に対する急進的な立場からの批判については次を参照．Dryzek, op.cit., pp. 157-161, pp. 176-179.
327　デイリーの持続可能な発展論については次を参照．ハーマン・E・デイリー（新田功・蔵本忍・大森正之共訳）『持続可能な発展の経済学』みすず書房，2005年，及び，ハーマン・デイリー（枝廣淳子訳）『「定常経済」は可能だ!』岩波ブックレット No. 914，岩波書店，2014年．
328　John S. Dryzek et al., "Ecological modernization, risk society, and the green state," in Arthur P.J. Mol et al. eds., *The Ecological Modernisation Reader: Environmental Reform in Theory and Practice*, London and New York: Routledge, 2009, pp. 244-248.
329　Ibid., p. 245. なお，赤緑連立政権における政策転換の一部始終については次を参照．小野一『ドイツにおける「赤と緑」の実験』お茶の水書房，2009年，221-236頁．
330　Dryzek, op.cit., pp. 245-246.
331　Ibid., p. 247.
332　Ibid., p. 247.
333　Ibid., pp. 232-234.
334　Ibid., pp. 239-244.
335　Ibid., pp. 234-239.

## 【参考文献】

### ［洋書］

Ball, Terence, 2006, "Democracy," in Andrew Dobson and Robyn Eckersley, *Political Theory and the Ecological Challenge*, Cambridge: Cambridge University Press, 2006, pp.131-147.

Barry, John and E. Gene Frankland, 2002, *International Encyclopedia of Environmental Politics*, London and New York: Routledge.

Borowy, Iris, 2014, *Defining Sustainable Development for Our Common Future: A History of the World Commission on Environment and Development (Brundtland Commission)*, London and New York: Routledge.

Carson, Rachel, 1962, *Silent Spring*, Boston: Houghton Mifflin Company.

Carter, Neil, 2007, *The Politics of the Environment: Ideas, Activism, Policy*, Second Edition, Cambridge: Cambridge University Press.

Connelly, Steve, 2007, "Mapping Sustainable Development as a Contested Concept,"

Local Environment, Vol. 12, No. 3, pp. 259-278.

Dahl, Robert A., 1971, *Polyarchy: Participation and Opposition*, New Haven: Yale University Press.

Daly, Herman E., 1996, *Beyond Growth: The Economics of Sustainable Development*, Boston: Beacon Press.

Dobson, Andrew, ed., 1991, *The Green Reader: Essays toward a Sustainable Society*, San Francisco: Murcury House.

Dobson, Andrew, 2003, *Citizenship and the Environment*, Oxford: Oxford University Press.

Dobson, Andrew, 2006, "Citizenship," in Andrew Dobson and Robyn Eckersley, *Political Theory and the Ecological Challenge*, Cambridge: Cambridge University Press, pp. 216-231.

Dobson, Andrew, 2006, "Ecological Citizenship: A Defence," *Environmental Politics*, Vol. 15, No. 3, pp. 447-451.

Dobson, Andrew, 2007, *Green Political Thought*, Fourth Edition, London: Routledge.

Dryzek, John S., 1990, *Discursive Democracy: Politics, Policy, and Political Science*, Cambridge: Cambridge University.

Dryzek, John S., 1997, *The Politics of the Earth: Environmental Discourses*, Oxford and New York: Oxford University.

Dryzek, John S., 2005, *The Politics of the Earth: Environmental Discourses*, Second Edition, London: Oxford University Press.

Dryzek, John S. et al., 2009, "Ecological modernization, risk society, and the green state," in Arthur P.J. Mol et al. eds., *The Ecological Modernisation Reader: Environmental Reform in Theory and Practice*, London and New York: Routledge, pp. 226-253.

Ehrlich, Paul R., 1974, *Population Bomb*, New York: Ballantine.

European Environment Agency, 2005, *Environmental Policy Integration in Europe: State of Play and an Evaluation Framework*, Luxembourg: Office for Official Publication of the European Communities.

【脚注・参考文献】

Federal Statistical Office of Germany, 2012, *Sustainable Development in Germany: Indicator Report 2012*, Wiesbaden: Federal Statistical Office.

Fischer, Frank, 2000, *Citizens, Experts, and the Environment: The Politics of Local Knowledge*, Durham and London: Duke University Press.

Fishkin, James S., 2009, *When the People Speak: Deliberative Democracy and Public Consultation*, Oxford: Oxford University.

Frankland, E. Gene, Paul Lucardie and Benoit Rihoux, 2008, *Green Parties in Transition: The End of Grass-roots Democracy?*, London: Routledge.

Hardin, Garrett, 1977, "The Tragedy of Commons," in Garrett Hardin and John Baden (eds.), *Managing the Commons*, San Francisco: W H Freeman and Co., pp. 28-29.

Haughton, Graham, 1999, "Environmental Justice and the Sustainable City," *Journal of Planning Education and Research*, Vol. 18, pp. 233-243.

Herodes, Martina, Camilla Adelle, and Marc Pallemaerts, 2007, *Environmental Policy Integration: Literature Review*, EPIGOV Paper No. 5, Berlin: Institute for International and European Environmental Policy.

Heywood, Andrew, 2012, *Political Ideology: An Introduction*, Fifth Edition, Basingstoke: Palgrave Macmillan.

Heywood, Andrew, 2014, *Global Politics*, Second Edition, New York: Palgrave Macmillan.

Hopwood, Bill et al., 2005, "Sustainable Development: Mapping Different Approaches," *Sustainable Development*, Vol. 13, pp. 38-52.

Huntington, Samuel P., 1991, *The Third Wave: Democratization in the Late Twentieth Century*, Norman and London: University of Oklahoma Press.

Inglehart, Ronald, 1971, "The Silent Generation in Europe: Inter-generational Change in Postindustrial Societies," *American Political Science Review*, Vol. 65, pp. 991-1017.

Inglehart, Ronald, 1997, *Modernization and Postmodernization: Cultural, Economic, and Political Change in 43 Societies*, Princeton: Princeton University Press.

International Institute for Sustainable Development, 2012, "SD Timeline," https://www.iisd.org/pdf/2012/sd_timeline_2012.pdf（2016 年 5 月 30 日アクセス）.

持続可能な発展の政治学

Janicke, Martin and Helmut Weidner, eds., 1997, *National Environmental Policies: A Comparative Study of Capacity-Building*, Helsinki: The United Nations University.

Janicke, Martin and Helge Jorgens, 1998, "National Environmental Policy Planning in OECD Countries: Preliminary Lessons from Cross-National Comparisons, " *Environmental Politics*, Vol. 7, No. 2, pp. 27-54.

Janicke, Martin, 2009, "On Ecological and Political Modernization," in Arthur P.J. Mol et al. eds., *The Ecological Modernisation Reader: Environmental Reform in Theory and Practice*, London and New York: Routledge, pp. 28-41.

Janicke, Martin, Helge Jorgens, Kirsten Jorgensen, and Ralf Nordbeck, 2002, "Germany," in OECD, *Governance for Sustainable Development: Five OECD Case Studies*, Paris: OECD Publications, pp. 113-153.

John Barry and E. Gene Frankland, 2002, *International Encyclopedia of Environmental Politics*, London: Routledge.

Kelly, Petra, 1984, *Fighting for Hope*, London: The Hogarth Press.

Kishtainy, Niall et al., 2012, *The Economics Book: Big Ideas Simply Explained*, New York: DK Publishing.

Lafferty, William , 1996, "The Politics of Sustainable Development: Global Norms for National Implementation," *Environmental Politics*, Vol. 5, No. 2, pp. 158-208.

Lafferty, William M. and Eivind Hovden, 2003, "Environmental Policy Integration: Towards an Analytical Framework," *Environmental Politics*, Vol. 12, No. 3, pp. 1-22.

Lehtonen, Markku, 2007, "Environmental Policy Integration through OECD Peer Reviews: Integrating the Economy with the Environment of the Environment with the Economy?" *Environmental Politics*, Vol. 16, No. 1, pp. 15-35.

Lundqvist, Lennart J., 2004, *Sweden and Ecological Governance: Straddling the Fence*, Manchester and New York: Manchester University Press.

Marien, Michael, 1977, "The Two Visions of Post-industrial Society," *Futures*, Vol. 9, No. 5, pp. 415-431.

Meadows, Donella H. et al., 1972, *The Limits to Growth: A Report for The Club of Rome's Project on the Predicament of Mankind*, New York: Universe Books.

【脚注・参考文献】

Meadows, Donella et al., 2014, *Limits to Growth: The 30-Year Update*, White River Junction, VT: Chelsea Green Publishing.

Mol, Arthur P.J. et al. eds., 2009, *The Ecological Modernisation Reader: Environmental Reform in Theory and Practice*, London and New York: Routledge.

Molina, Mario J. and F. S. Rowland, 1974, "Stratospheric Sink for Chlorofluoromethanes: Chlorine Atom-catalysed Destruction of Ozone," *Nature*, Vol. 249, June, pp. 810-812.

Muller, Edda, 2002, "Environmental Policy Integration as a Political Principle: The German Case and the Implications of European Policy," in Andrea Lenschow ed., *Environmental Policy Integration: Greening Sectoral Policies in Europe*, London and Sterling: Earthscan, pp. 57-77.

Nilsson, Mans and Katarina Eckerberg, eds., 2007, *Environmental Policy Integration in Practice: Shaping Institutions for Learning*, London: Earthscan.

Offe, Claus, 1985, "New Social Movement: Challenging the Boundaries of Institutional Politics," *Social Research*, Vol. 52, No. 4, pp. 817-868.

Orwell, George, 1949, *Nineteen Eighty-Four (1984)*, London: Secker & Warburg.

O'Riordan, Timothy, 1981, *Environmentalism*, Second Edition, London: Pion.

Porritt, Jonathon, 1984, "Seeing Green: The Politics of Ecology Explained, Oxford: Blackwell," in Andrew Dobson, 1991, *The Green Reader*, London: Andre Deutsch, pp. 43-44.

Robyn Eckersley, 1992, *Environmentalism and Political Theory: Toward an Ecocentric Approach*, New York: State University of New York Press.

Rockstrom, Johan et al., 2009, "A Safe Operating Space for Humanity," *Nature*, Vol. 461, September, pp. 471-475.

Rudig, Wolfgang, 2003, "The Environment and Nuclear Power," in Stephen Padgett, William E. Paterson, and Gordon Smith, eds., *Developments in German Politics 3*, Durham: Duke University Press, pp. 248-268.

Sabin, Paul, 2013, *The Bet: Paul Ehrlich, Julian Simon, and Our Gamble over Earth's Future*, New Haven & London: Yale University Press.

Sachs, Jeffrey D., 2015, *The Age of Sustainable Development*, New York: Columbia University Press.

Schreurs, Miranda A., 2002, *Environmental Politics in Japan, Germany, and the United States*, Cambridge: Cambridge University Press.

Schreurs, Miranda A., 2007, "Sub-national Environmental Governance and the Politics of Climate Change," in Grant-in-Aid Scientific Research on Priority Areas, Multi-level Environmental Governance for Sustainable Development, *Democracy for the Sustainable Future, The First International Symposium*, Kyoto: Kyoto University, pp. 39-49.

Schreurs, Miranda A., 2012, "20th Anniversary of the Rio Summit: Taking a Look Back and at the Road Ahead," *GAIA*, Vol. 21, No. 1, pp. 13-16.

Sgobbi, Alessandra, 2007, *EPI at National Level: A Literature Review*, The Second EPIGOV Conference, November.

Simon, Julian L., 1981, *The Ultimate Resource*, Princeton: Princeton University Press.

Sustainable Development Knowledge Platform, "Sustainable Development Goals," https://sustainabledevelopment.un.org/topics/sustainabledevelopmentgoals（2016年5月26日アクセス）.

The Federal Government of Germany, 2002, *Perspectives for Germany: Our Strategy for Sustainable Development*, https://www.nachhaltigkeitsrat.de/fileadmin/user_upload/English/pdf/Perspectives_for_Germany.pdf（2016年6月30日アクセス）.

The World Commission on Environment and Development, 1987, *Our Common Future*, Oxford: Oxford University Press.

Uekoetter, Frank, 2006, *The Green and the Brown: A History of Conservation in Nazi Germany*, Cambridge: Cambridge University Press.

UNDP, 2000, "Millennium Development Goals," http://www.undp.org/content/undp/en/home/sdgoverview/mdg_goals.html（2016年5月26日アクセス）.

Union of Concerned Scientists, 1992, "1992 World Scientists' Warning to Humanity," http://www.ucsusa.org/about/1992-world-scientists.html（2016年5月30日アクセス）.

United Nations, 1972, "Report of the United Nations Conference on the Human

【脚注・参考文献】

Environment," http://www.un-documents.net/aconf48-14r1.pdf（2016年5月30日アクセス）.

United Nations, 1982, "World Charter for Nature," http://www.un.org/documents/ga/res/37/a37r007.htm（2016年5月30日アクセス）.

United Nations, 1992, *Agenda 21*, https://sustainabledevelopment.un.org/content/documents/Agenda21.pdf（2016年5月30日アクセス）.

United Nations, 2015, "We Can End Poverty: Millennium Development Goals and Beyond 2015," http://www.un.org/millenniumgoals（2016年5月30日アクセス）.

United Nations Sustainable Development Knowledge Platform, 2015, "Sustainable Development Goals," https://sustainabledevelopment.un.org/topics/sustainabledevelopmentgoals（2016年5月30日アクセス）.

Wilkinson, Richard and Kate Pickett, 2009, *The Sprit Level: Why More Equal Societies Almost Always Do Better*, London: Allen Lane.

[和書]

IPCC（気候変動に関する政府間パネル）編, 2009,『IPCC地球温暖化第四次レポート―気候変動2007―』, 中央法規.
阿部彩, 2011,『弱者の居場所がない社会―貧困・格差と社会的包摂―』, 講談社.
アリストテレス, 田中美知太郎他訳, 2009,『政治学』, 中央公論新社.
五十嵐暁郎, 2010,『日本政治論』, 岩波書店.
猪口孝他, 2000,『政治学事典』, 弘文堂.
ウィルキンソン, リチャード＋ケイト・ピケット, 酒井泰介訳, 2010,『平等社会―経済成長に代わる次の目標―』, 東洋経済新報社.
エーリック, ポール・R., 宮川毅訳, 1974,『人口爆弾』, 河出書房新社.
NHK放送文化研究所, 2012,「原発とエネルギーに関する意識調査（2012年3月）単純集計表」, http://www.nhk.or.jp/bunken/summary/yoron/social/pdf/120401.pdf（2017年5月6日アクセス）.
NHK放送文化研究所, 2013,「原発とエネルギーに関する意識調査（2013年3月）単純集

計表」，http://www.nhk.or.jp/bunken/summary/yoron/social/pdf/130523.pdf（2017年5月6日アクセス）．

オーウェル，ジョージ，高橋和久訳，2009，『一九八四年』，早川書房．

オーバーチュアー，S.・H. E. オット著，国際比較環境法センター・地球環境戦略研究機関訳，2001，『京都議定書—21世紀の国際気候政策—』，シュプリンガー・フェアラーク東京株式会社．

大島賢一，2013，「エネルギー政策転換の到達点と課題」，『環境と公害』，Vol.43，No.1，2-6頁．

大嶋健志，2016，「パリ協定採択後の動向と今後の課題」，参議院事務局企画調整室編，『立法と調査』，No. 381，139-148頁．

大畑裕嗣他編，2004，『社会運動の社会学』，有斐閣．

小野一，2009，『ドイツにおける「赤と緑」の実験』，お茶の水書房．

賀来健輔・丸山仁（編著），2002，『ニュー・ポリティクスの政治学』，ミネルヴァ書房．

河野啓・小林利行，2013，「再び政権交代を選択した有権者の意識―衆院選後の政治意識・2013調査から―」，NHK放送文化研究所，『放送研究と調査』，第63巻，第7号，40-63頁．

環境省，2006，「The Economics of Climate Change 気候変動の経済学（Executive Summary）」，http://www.env.go.jp/press/files/jp/9176.pdf（2016年5月30日アクセス）．

環境省，2014，「2012年度（平成24年度）の温室効果ガス排出量（確定値）＜概要＞」，http://www.env.go.jp/earth/ondanka/ghg/2012_gaiyo.pdf（2016年5月30日アクセス）．

環境省，2015，「パリ協定の概要（仮訳）」，http://www.env.go.jp/earth/ondanka/cop21_paris/paris_conv-a.pdf（2016年5月30日アクセス）．

環境と開発に関する世界委員会，大来佐武郎監修，1987，『地球の未来を守るために』，福武書店．

気候ネットワーク，2005，『地球温暖化防止の市民戦略』，中央法規．

金基成，2003，「環境政治における市民参加と問題解決」，『山梨大学工学部研究報告』，Vol. 52，15-22頁．

金基成，2006，「環境政策研究における言説分析方法とその応用」，『環境経済・政策研究の動向と展望』，東洋経済新報社，179-193頁．

【脚注・参考文献】

金基成，2008，「日本における気候保護政策とガバナンス」，日本政治学会研究大会，関西学院大学，2008年10月12日，1-18頁．

金基成，2011，「エコロジー的近代化言説とEUの気候変動政策―ストーリーラインの類似性とその政治的含意―」，『立命館法学』，第333・334号，520-550頁．

金基成，2018，「エコロジー的近代化の思想」，環境経済・政策学会，『環境経済・政策学事典』，丸善出版，658-659頁．

ケリー，ポール他，堀田義太郎監修・豊島実和訳，2014，『政治学大図鑑』，三省堂．

小出裕章他，2011，『原子力村の大罪』，ベストセラーズ．

厚生労働省，2010，「平成22年国民生活基礎調査の概況」， http://www.mhlw.go.jp/toukei/saikin/hw/k-tyosa/k-tyosa10/2-7.html（2016年5月30日アクセス）．

国連人間環境会議，1972，「人間環境宣言」，https://www.env.go.jp/council/21kankyo-k/y210-02/ref_03.pdf（2016年5月30日アクセス）．

小林傳司，2002，「社会的意志決定への市民参加」，小林傳司編，『公共のための科学技術』，玉川大学出版部，158-183頁．

小森敦司，2016，『日本はなぜ脱原発できないのか―原子力村という利権―』，平凡社．

酒井広平・小坂尚史・楊川翠，2014，「付属書Ⅰ国の京都議定書（第一約束期間）の達成状況」，国立環境研究所，『地球環境研究センターニュース』，2014年7月号，http://www.cger.nies.go.jp/cgernews/201407/284004.html（2016年7月12日アクセス）．

鎮目真人・近藤正基編著，2013，『比較福祉国家―理論・計量・各国事例―』，ミネルヴァ書房．

庄司光・宮本憲一，1975，『日本の公害』，岩波書店．

白川真澄，2012，「日本における緑の党の誕生と課題」，『情況』，第1巻，第1号，32-43頁．

シュラーズ，ミランダ・A.，長尾伸一・長岡延孝監訳，2007，『地球環境問題の比較政治学―日本・ドイツ・アメリカ―』，岩波書店．

シュラーズ，ミランダ・A.，2011，『ドイツは脱原発を選んだ』，岩波ブックレット，No.818，岩波書店．

セン，マルティア，池本幸生・野上裕生・佐藤仁訳，1999，『不平等の再検討―潜在能力と自由―』，岩波書店．

総務省，1993,「環境基本法」, http://law.e-gov.go.jp/htmldata/H05/H05HO091.html（2016年5月30日アクセス）．

総務省，2000,「循環型社会形成推進基本法」, http://law.e-gov.go.jp/htmldata/H12/H12HO110.html（2016年5月30日アクセス）．

高村ゆかり，2016,「パリ協定で何が決まったか―その評価と課題―」,『環境と公害』, Vol. 45, No. 4, 33-38頁．

田辺文也，2016,『まやかしの安全の国―原子力村からの告発―』, 角川マガジンズ．

ダール，ロバート・A., 中村孝文訳，2001,『デモクラシーとは何か』, 岩波書店．

ダール，ロバート・A., 高畠通敏・前田脩訳，2014,『ポリアーキー』, 岩波書店．

ダニエル・コーエン，林昌宏訳，2013,『経済と人類の1万年史から，21世紀を考える』, 作品社．

地球温暖化対策推進本部，2014,「京都議定目標達成計画の進捗状況」, http://www.kantei.go.jp/jp/singi/ondanka/kaisai/dai28/siryou.pdf（2016年7月12日アクセス）．

デイリー，ハーマン・E., 新田功・蔵本忍・大森正之共訳，2005,『持続可能な発展の経済学』, みすず書房．

デイリー，ハーマン，枝廣淳子訳，2014,『「定常経済」は可能だ!』, 岩波ブックレットNo. 914, 岩波書店．

ドブソン，A.編著，松尾眞他訳，1999,『原典で読み解く環境思想入門』, ミネルヴァ書房．

ドライゼク，J. S., 丸山正次訳，2007,『地球の政治学―環境をめぐる諸言説―』, 風行社．

ネス，A., 斎藤直輔・開龍美訳，1997,『ディープ・エコロジーとは何か―エコロジー・共同体・ライフスタイル―』, 文化書房博文社．

橘場弦，1997,『丘のうえの民主政―古代アテネの実験―』, 岩波書店．

原科幸彦，2011,『環境アセスメントとは何か』, 岩波書店．

ハンチントン，サミュエル・P., 坪郷實他訳，1995,『第三の波―20世紀後半の民主化―』, 三嶺書房．

フィシュキン，ジェイムズ・S., 曽根泰教監修・岩木貴子訳，2011,『人々の声が響き合うとき―熟議空間と民主主義―』, 早川書房．

フォックス，ワーウィック，星野淳訳，1994,『トランスパーソナル・エコロジー―環境主

【脚注・参考文献】

義を超えて―』, 平凡社.

フランクランド, E・ジーン他, 白井和宏訳, 2013,『変貌する世界の緑の党―草の根民主主義の終焉か？―』, 緑風出版.

ブクチン, マレイ, 藤堂麻理子・戸田清・萩原なつ子訳, 1996,『エコロジーと社会』, 白水社.

マコーミック, ジョン, 石弘之・山口裕司訳, 1998,『地球環境運動全史』, 岩波書店.

松村弓彦（監修）, 2004,『環境政策と環境法体系』, 産業環境管理協会.

丸山仁, 2004,「社会運動から政党へ？―ドイツ緑の党の成果とジレンマ―」, 大畑裕嗣他編,『社会運動の社会学』, 有斐閣, 198-212頁.

宮本憲一, 2007,『環境経済学（新版）』, 岩波書店.

宮本憲一, 2014,『戦後日本公害史論』, 岩波書店.

メドウズ, D. H. 他, 大来佐武郎訳, 1972,『成長の限界―ローマ・クラブ「人類の危機」レポート―』, ダイヤモンド社.

諸富徹・浅岡美恵, 2010,『低炭素経済への道』, 岩波書店.

湯浅誠, 2008,『反貧困―「すべり台社会」からの脱出―』, 岩波書店.

ユケッター, フランク, 和田佐規子訳, 2015,『ナチスと自然保護―景観美・アウトバーン・森林と狩猟―』, 築地書館.

横野喜幸, 2002,「公共の場での問題解決―吉野川第十堰可動堰化問題―」, 小林傳司編,『公共のための科学技術』, 玉川大学出版部, 140-157頁.

ライターズ・フォー・ザ 99％, 2012,『ウォール街を占拠せよ―始まりの物語―』, 大月書店.

レイチェル・カーソン（青樹築一訳）, 1974,『沈黙の春』, 新潮社.

## 著者紹介

### 金　基成（きむ　きそん）

1965年韓国生まれ．延世大学（Yonsei University, Seoul, Korea）社会科学部政治外交学科卒業．同大学院政治学科修士及び博士課程修了．政治学博士．1997年より韓国学術振興財団及び日本学術振興会のポストドクター特別研究員．2002年より山梨大学で政治理論及び環境政治に関する研究・教育活動を行っている．

## 持続可能な発展の政治学
### The Politics of Sustainable Development

2019年7月19日　　初版発行

著　者　　金　基成

定価(本体価格1,800円+税)

発行所　　株式会社　三恵社
〒462-0056 愛知県名古屋市北区中丸町2-24-1
TEL 052 (915) 5211
FAX 052 (915) 5019
URL http://www.sankeisha.com

乱丁・落丁の場合はお取替えいたします．
ISBN978-4-86693-074-9 C3031 ¥1800E